"十二五" 国家重点图书出版规划项目

城 市 与 建 筑 遗 产 保 护 实 验 研 究

董 卫 主编

城市空间的演进模拟与计算

——城市化进程中的城市形态管理与控制量化分析方法

RESEARCH ON THE EVOLUTION OF URBAN SPACE BASED ON
URBAN MODELING AND SIMULATION

U0242742

杜 嵘 著

东南大学出版社 · 南京

国家自然科学基金项目 (51378101)

国家自然科学基金青年基金项目 (51308101)

丛书前言

文化遗产是社会发展的一种积累性产品。显而易见,每个人从诞生之日起所接触到的事物都是前人创造的,而每个人的一生都多多少少为后人留下了些许物品,而所有这些物品的社会性积累就构成了我们的文化遗产。这其中至少有两层含义:一、文化遗产是人类社会对前人所有创造发明的淘汰性结果,只有那些经过复杂的历史选择过程并留存至今的一部分前人的遗存,才有可能进入文化遗产的行列;二、文化遗产就存在于我们身边。文化遗产的存在强化了社会的凝聚力和亲和力,使每一座城市和乡村都有可能形成与众不同的特性。唐朝诗人刘禹锡"千淘万漉虽辛苦,吹尽狂沙始到金"的诗句正可用来表达文化遗产的宝贵之处。在这个意义上,历史本身就是人类不断学习、思考和选择的过程。保护文化遗产不仅是为了保留人类过去的印记,更是为了学习和传承古代智慧,巩固现代社会发展的文化基础,为未来留下一个更加美好的生活环境。

在所有的文化遗产中,城市与建筑遗产是其中最为显著、庞大而又十分复杂和综合的一部分。这类文化遗产包括了各种历史景观、古老城镇与乡村、传统建筑、地下文物以及在历代城市与建筑发展过程中所形成的思想、技艺、方法与传统。对城市与建筑遗产的研究与保护需要跨学科、多部门的合作,需要长时间刻苦的探究与思考,才能找到顺应社会发展趋势、符合科学规律、适应历史环境的保护方法。

东南大学建筑学院素有重视城市与建筑历史和保护研究与实践的传统,自刘敦桢教授创系于1927年第四中山大学始,就与杨廷宝、童寯诸先生确立此研究方向,经第二代、第三代、第四代学者不懈努力,发扬光大。20世纪八九十年代,便为国家培养了四届建筑遗产保护的专业人才,目前在全国相关领域发挥着重要作用;21世纪,建筑学院招收建筑学遗产保护本科生,在建筑遗产和城市遗产保护两方面齐头并进,取得了突出成果,承担了近百项重要的城市和建筑遗产保护工程项目,出版了相关论著数十部,为我国的遗产保护作出了重要贡献,产生了较大的国际影响。

2008 年"城市与建筑遗产保护教育部重点实验室"成立,2009 年进入建设期,实验室以东南大学建筑历史与理论和建筑设计与理论两个国家重点学科为主干,整合包括土木、环境、材料、化工等各相关学科,在全国许多知名学术机构和专家的支持下开展了跨学科的遗产保护研究与实践,目前已取得了丰硕的阶段性成果,成为我国城市和建筑遗产保护领域最大、最重要的教育、科研、实践和对外交流的基地之一。

现在,其中一部分研究内容纳入了东南大学出版社出版的"十二五"国家重点图书出版规划项目"城市与建筑遗产保护实验研究"系列丛书,与实验室的研究方向相应分为"城市与建筑遗产的理论研究""建筑遗产及其退化机理的实验研究""城市与建筑遗产保护的绿色途径""城市与建筑遗产保护的数字化方法研究"共四卷十余册,将陆续与读者见面,希望得到专家学者和所有读者的指正。

我们相信,城市与建筑遗产保护的未来既依赖于整个社会文化水平的提高,也在于相关技术方法和理论水平的发展与创新,更得益于家国意识、环境观念和社会组织的强化与融合。唯有此,才能形成适应我国新型城镇化条件下建立遗产保护体系的需要,以满足 21 世纪城乡可持续发展的国家战略。

是为序。

东南大学建筑学院教授
城市与建筑遗产保护教育部重点实验室(东南大学)主任

前　言

　　中国快速城市化带来人口和经济的急剧变化,导致城市空间形态不断演变。未来 20 年是我国城市化快速发展的关键时期,城市化进程与发展模式决定了城市空间结构演变的复杂性特征。本文以快速城市化进程下的城市空间结构为研究背景,运用城市元胞模型探讨自下而上的规划设计方法、设计分析、模拟和思维模式。在城市系统中,城市结构的演变是系统行为的表达方式,而结构的演变也是结构与环境两者共同作用决定的。因此,对城市结构演变的过程研究无法脱离对城市结构的系统分析,而城市结构演变过程中的涌现或突现现象也往往是高层次结构元素相互依存的结果。传统的城市形态研究是通过分析各个历史时期的城市形态,构成其历史演变过程,而城市建模在实验室就可以完成有关城市形态发展和演变过程的研究,并能够根据当前城市发展策略预测城市发展的未来形态。因此,本书的研究重点是通过城市建模,具体说是构建城市元胞模型与多智能体城市模型,寻找城市空间结构的内在秩序和规律,分析模型运行生成的量化数据如何能够为城市规划、管理和政府决策提供科学的政策依据。基于多智能体建模适合于在微观领域引入文化和社会等因素,探讨人的决策与活动对空间结构和形态演化产生的作用。本书采用理论与案例研究结合的方式。前一部分主要阐述城市建模的基本理论和方法,案例研究通过建立中国城市和村落模型,测试元胞自动机和多智能体模型在中国城镇案例研究中的可行性、问题与发展潜力,探讨中国城市模型与西方发达国家城市模型的差异与应对。研究对于探讨城市空间发展规律,减少城市发展不确定性、非线性等复杂系统特征具有一定的理论和现实意义。

　　城市元胞模型和多智能体模型在城市研究中的应用有多种,研究范畴各不相同,研究目的也各有侧重。由于研究主题为城市的空间演化,因此本书的城市元胞模型采用美国加州大学克拉克(K. C. Clarke)教授开发的城市增长元胞自动机模型平台。多智能体建模平台采用芝加哥大学开发的 Repast 平台。

　　书稿完成之际,首先感谢我的导师吴明伟先生,先生以渊博的学识和严谨的作风为我们树立了为学的榜样。深深感谢我的副导师林炳耀先生,在课题研究之初,由于研究领域跨越了城市规划、人文地理、复杂科学和计算机等多个学科,大量的学习资料让我无所适从,如何找到研究的切入点始终是让我困惑的问题。先生坚持让我多读有关可持续发展以及物联网发展等看似与研究课题无关的书籍,正是这些书籍让我的研究思路逐渐清晰,回想起来受益匪浅。感谢美国爱荷华州立大学建筑学院陈超萃教授在研究方向上给予我的指导和启发,大到研究方向的发展,小到具体段落文字的修改,均反映出陈老师严谨的治学态度和渊博的知识,使我受益终身。

　　感谢东南大学建筑学院阳建强教授、刘博敏教授、董卫教授、段进教授、吴晓教授、胡明星教授,南京大学建筑与城市规划学院张京祥教授、徐建刚教授在写作中给予我的指点与帮助。感谢安徽黄山学院程极悦教授提供的有关西递古村落的历史资料和历史信息。感谢南京市规划局徐明尧局长,淮安市规划局规划处章耀处长所提供的有关南京和淮安城市的相关资料。

　　本书引用的国外的期刊论文和著作,某些方面的阐述是我的个人理解,不当之处敬请同仁批评指正。

2015 年 8 月 10 日于龙江

目　录

1 绪 论

1.1 快速城市化进程中的城市形态特征

1.1.1 快速城市化进程中城市形态

我国的城镇化进程自 1990 年开始,已经进入持续快速发展时期,今后 20 年或更长的时间将是我国城镇化发展的高峰时期。一方面,快速城市化推进人口的聚集,促进经济结构调整,实现了国家财富的增长。根据国家统计局数据显示,2002 年末中国城镇化水平达到 39.1%①。另一方面,城市人口增长也带来了城市交通拥堵、环境污染、城市热岛效应等资源环境问题。大城市形态的演变,从形态角度出发,主要分为两个阶段。1992 年以前,城市化发展初期,城市空间用地扩展以填充用地的方式为主,城市发展初期的分散形态逐渐被填充,并逐渐趋圆。1992 年以后,城市化进入快速发展阶段,城市空间形态的变化呈现出以下两个显著特征:第一,由同心圆环状向外扩展转变为沿轴线发展或跳跃式扩散,随着城市用地的填充,又发展为新的同心圆环状加放射的模式;第二,由封闭的单中心结构向开放式多中心组团结构转变,即在中心城之外培育和发展新的城市中心,或将原有单中心的功能合理分散到各个副(次)中心②。中小城市的发展与大城市相比,时间虽相对滞后,但其发展过程近似大城市。

对城市形态演变的动力机制分析则相对复杂,涉及城市空间结构的变化,从复杂系统的角度看,可以用自上而下和自下而上两种动力机制进行分析。自下而上的城市空间结构动力演化机制表现为非均衡性演化特征和非均质特征,城市形态的演变遵循着形态依赖原理③。从经济学角度看,城市空间结构自组织特征可以表现为产业结构调整,城市内部空间重组。顾朝林等认为"趋圆性"是城市形态自组织演化的一个基本特征,本质上是城市扩展中空间经济效应的体现,而空间形态的这种自生长特征是促进空间结构演化的内在持续动力④。自上而下的城市空间结构动力机制主要表现为城市规划和政府政策对城市结构产生的引导作用,例如开发区建设。由于开发区的土地开发规模大,建设速度快,能在短时间内吸纳大量的当地农村剩余劳动力和外来人口,并且造成了区域景观由农村型向城市型的转变,因而带来所在城市空间结构和形态的快速改变。城市作为人类聚居与社会文化活动场所,其空间结构的增长一定会受到人为组织干预和制约,在我国,城市规划作为一种有目的的人为干预活动,对城市空间结构和形态的发展起着至关重要的作用。除此之外,城市土地使用制度、户籍管理制度与住房制度的改革对城市形态演变也会产生较大的作用。

---

① 仇保兴. 和谐与创新[M]. 北京:中国建筑工业出版社,1996:7
② 房国坤,王咏,姚士谋. 快速城市化时期城市形态及其动力机制研究[J]. 人文地理,2009(2):40-43,124
③ 顾朝林,甄峰,张京祥. 集聚与扩散——城镇空间结构新论[M]. 南京:东南大学出版社,2000:9
④ 顾朝林,甄峰,张京祥. 集聚与扩散——城镇空间结构新论[M]. 南京:东南大学出版社,2000:8

1.1.2 城市形态的自组织与城市规划的他组织

根据耗散结构理论的通过涨落达到有序的原理,城市空间结构复杂性体现在城市的发展是一个复杂的适应性过程,而适应性的重要特征则在于它的开放性。很多学者认识到城市是一个远离平衡态的开放系统,城市系统的结构在外界物质、能量和信息不断输入的刺激下,不断发生变异和转化,这个过程是非静态的,会出现非对称的涨落现象。在达到非线性区域时,系统将可能发生突变,由混沌无序状态转变为有序状态。城市的这种自发现象,是空间结构增长中的自组织现象。自组织性是对平衡与恒定的否定,并能在新的层次上达到相对稳定有序的结构,没有不稳定性,就无法打破旧的平衡,新的平衡就难以建立,空间就难以发展进化。城市规划作为一种有目的的人为主动干预的行为,对城镇空间结构的扩展具有重要的导向功能。由于城市规划所具有的人为干预作用,城镇空间结构的增长会处于一个随机多变的、不确定的环境中。突变的因素也会对城镇空间结构的增长产生重大影响。

空间结构的增长始终受到无意识的自然生长与有意识的人为控制两个力的作用,两者的交替作用构成了城市生长过程中多样性的空间形式与发展阶段。如何面对这两种力的作用成为城市问题的难题。仇保兴在对城市规划学发展的困惑中认为众多的自然和社会科学都对城市规划学提出了严厉的批判,但却很少给出解决的方法。困惑的首要原因就是城市的本质是复杂自适应系统。萨特(S. Salat)提出大自然的不可预知性是其根本属性,城市存在于一个不断变化的动态能量流的旋涡中,是大自然和人类建造的混合体。其脆弱性的根本原因是它只遵循简单的机械逻辑,而自然是以复杂的方式组合起来的,两种截然不同的复杂程度导致了城市的脆弱性。必须要加强城市系统的复杂性以接近自然系统的复杂性[1]。顾朝林等认为上述两种力的作用会产生三种影响:一是当人类组织力与城市空间自组织力耦合同步时,加速空间的发展;二是阻碍或延缓空间自组织的演化过程;三是修正空间自组织过程的方向[2]。

大多数传统城市以及几乎所有具有大都市尺度的城市,都是由预先设计的部分和随机发展成的部分相互拼接、相互重叠而形成的[3]。因此,城市的发展并没有严格意义的自组织和他组织,有时,城市规划本身也是城市空间自组织的一个部分。城市的产生总的来说是自下而上的,虽然城市规划是自上而下的,但城市发展的结果表明一个时期的城市规划常常是城市有机发展的一小部分[4]。以阿富汗的一个城市赫拉特为例,城市发展的初期很可能是按照规划严格建造的,随着城市的发展,规划已经成为城市发展的一个部分,如图1-1所示。

从更小的尺度来看,建筑师赫茨伯格(H. Hertzberger)在谈到城市公共工程部门提供的服务时写道:"公共工程部门的活动是从上面强加下来的,街道上的人们感到它们'与自己毫无关系',因此这一体系普遍产生一种人与人之间疏远的感觉……建筑师所创造的环境,应该让人们有打下个人印记、表达个人特性的机会,并做出自己的贡献。"[5]这里的个人印记就是个人对城市空间产生的自组织行为。如图1-2所示,建筑师为居民提供了6条步行通道。

① Salat S. 城市与形态[M]. 陆阳,张艳,译. 北京:中国建筑工业出版社,2012:112
② 顾朝林,甄峰,张京祥. 集聚与扩散——城镇空间结构新论[M]. 南京:东南大学出版社,2000:4
③ [美]斯皮罗·科斯托夫. 城市的形成——历史进程中的城市模式和城市意义[M]. 单皓,译. 北京:中国建筑工业出版社,2005:47
④ Batty M. Generating Cities from the Bottom-Up: Using Complexity Theory for Effective Design[EB/OL]. (2008-09-16). http://www.cluster.eu/generating-cities-from-the-bottom-upcreare-la-citta-dal-basso-in-alto/
⑤ 赫曼·赫茨伯格. 建筑学教程1:设计原理[M]. 仲德崑,译. 天津:天津大学出版社,2003:47

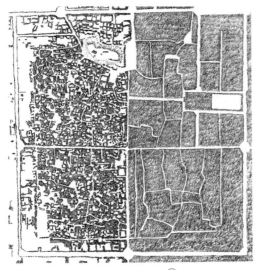

赫拉特(阿富汗)分侧的城市平面图①(根据 1917 年尼德迈耶原图复制)

赫拉特(阿富汗)2013 年同一区域的城市遥感卫星图

图 1-1　赫拉特城市发展中城市规划与自组织的并存②

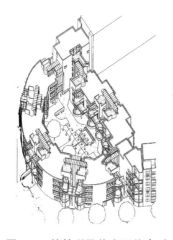

图 1-2　柏林利马住宅区住户对庭院空间的改造③

图 1-3　道路系统的能量传递效率对比(左图低,右图高)④

　　自下而上的城市生成过程最为常见的表达形式就是道路系统的分形演变。从能量传递的效率性上分析,增加城市节点之间的关联能够增加城市的活力和效率(图 1-3)。一个城市系统需要自我组织以促进众多节点间的关联发生。一个有活力的城市的几何排列并非来自于满足简洁要求的矩形平面形式,而是来自于促进交通系统网络的几何重叠性。也就是从长远来看,鼓励交通系统的多样性和竞争性是更为经济可行的。塞灵格勒斯(N. A. Salingaros)从城市交通网络的角度指出城市需要在小尺度上自发生成城市肌理,并在大尺度上受到规划的干预。这实际上是城市

---

　　① Batty M, Jiang B. Multi-Agent Simulation: New Approaches to Exploring Space-Time Dynamics within GIS[C]. Working Paper Series 10 of Centre for Advanced Spatial Analysis. London: University College London, 1999

　　② 十字相交商业街以及次一级道路系统显示该城市可能起始于规则性的网格平面,长期的自组织作用使原来清晰的结构磨损了。

　　③ 赫曼·赫茨伯格. 建筑学教程 1:设计原理[M]. 仲德崑,译. 天津:天津大学出版社,2003:图 87

研究的一个核心问题——自上而下与自下而上两种规划之间的竞争①。

1.1.3 传统城市规划的设计方法变革

城市规划设计源于人的思维模式。亚历山大(C. Alexander)在《城市并非树形》(*A City is not a Tree*)中论及人的思维活动。他列举了众多大师的城市设计与规划，包括阿贝克隆比与福肖的大伦敦规划、柯布西耶的昌迪加尔、丹下健三的东京规划等等，这些规划都是树形结构而并非半网络结构，因此无法反映城市生活之间的关系、城市本身的特质和生命特征。在考察树形思想的起源时，他提到在一个单独的思维活动中，人仅能够使树形结构形象化。从这里我们可以看到人的思维模式。

戴汝为在研究模式识别②的过程中，提及两种一般性方法，即统计模式识别和句法模式识别。统计模式识别只考虑语义③部分，把整个模式当作一个单元，而不考虑结构，而这个单元的属性就是它的特征向量。句法模式识别只考虑模式如何构成，而忽略了语义。一幅图像就相当于由某种文法规则产生的句子，模式的表达形式可以像语言由符号构成的链那样，是一条由某些特征或基本单元组成的链，也可以是一种树状结构或者是图④的形式⑤。从句法模式识别角度，他指出人的记忆并不像机器那样以二进制的位为单位，而是以模块(chunk)为单位。例如对于一个合体汉字"蕴"而言，人对它的认知就可以用树状结构来表达它的关系，如图1-4所示。这种句法模式识别方法与建筑师看城市结构的方法是类似的。

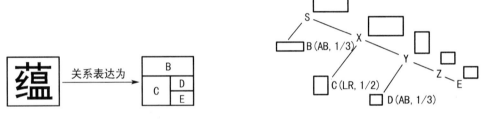

汉字"蕴"的关系表达　　　　　　　　　　汉字"蕴"的树状结构

图1-4　汉字语义句法模式识别方法

S符号 AB、LR 分别表示"上下""左右"等相对关系，1/2、1/3 代表矩形框占据的比例。⑥

《雅典宪章》中将城市划分为工作、生活、游憩、交通四大基本功能，并在空间分布上要求有明确的结构性配置以利于整体城镇空间结构的优化运作。虽然今天《雅典宪章》已不再适应后现代化社会的许多特征，但一方面城市要素相关性⑦决定了功能分区思想仍然是城镇空间结构组织方式的基本思维，而另一方面从人的思维模式来看，功能分区思想符合人的树状结构的思维判别模式，因此也会始终是城市规划设计思想的基本思维判断。仇保兴在谈到城市规划学发展的困惑时指出："实际规划工作者特别是年轻的一代非常注重后现代主义的探索，并把传统功能主义规划看成是盲目追求技术、追求客观而不考虑人性和社会多样性的老古董。但在实际工作中，这些规划工作者仍依旧按照官僚化、程序化、公式化的思路办事，按既定方式编规划。因此，城市规划在理

---

① 尼科斯·塞灵格勒斯. 连接分形的城市[J]. 刘洋，译. 国际城市规划，2008,23(6)：81-92
② 模式识别(Pattern Recognition)是人类的一项基本智能，是指对表征事物或现象的各种形式的(数值的、文字的和逻辑关系的)信息进行处理和分析，以对事物或现象进行描述、辨认、分类和解释的过程
③ 语义并不是语言中一个句子所表示的意义，而是一种属性，或者说是一种简单的知识
④ 这里的图指 graph，图论中图的概念，参见 http://en.wikipedia.org/wiki/Graph_(mathematics)
⑤ 钱学森，戴汝为. 论信息空间的大成智慧[M]. 上海：上海交通大学出版社，2007:17
⑥ 钱学森，戴汝为. 论信息空间的大成智慧[M]. 上海：上海交通大学出版社，2007
⑦ 城市空间组织原理之相关性原理//顾朝林，甄峰，张京祥. 集聚与扩散——城镇空间结构新论[M]. 南京：东南大学出版社，2000:12

论探索和实践过程方面是不一致的。"①由于认识到人的思维模式的局限性,亚历山大提出了新的城市设计理论并在实践中进行实验和操作②。在亚历山大工作的基础上,塞灵格勒斯将建筑与城市规划设计方法分为两种类型:一种是自上而下的设计,另一种是自下而上的设计。

自上而下的设计采用形式语言组成的几何原型发展和演化,并使用已证实的形式库。"由一个人做出选择是更加有效的,因此设计往往具有较少的合作性,而更多的是一个人决定的结果。"③自上而下的设计采用的是传统和古典的原型,这些原型往往经过时间的检验,或称为"进化的适应性"。例如,沙里宁(E. Saarinen)提出的城镇建设的原则不能满足于某些人为的教条,而是努力发现那些亘古以来自然形成的,而且放之四海而皆准的原则④,通过比较原型产生派生设计方案。这种自上而下的设计方法要求原型本身与现实的设计环境相适应,若原型适应环境,设计的问题就不会很大,因为原型本身是考虑了使用者生理或心理的舒适性要求的。但若原型不能适应环境,则会出现很大的问题。

自下而上的设计过程与自上而下的设计过程相反,是一个自然演化的过程,以亚历山大的模式语言和整体化城市设计为代表。模式语言是设计的原型,设计与建造是一个不断持续的过程。新的建设行为都为创建一种连续的自身完整的结构⑤。自下而上的设计过程不断根据情况改变形式,设计结果往往是无法预期的。这种设计方法很多学者都有过相关的论述,沙里宁在分析中世纪城镇布局和街道格局时指出,城市需要经历若干世纪方能发展,规划的易变性和建设的缓慢程度必然要在不规则的布局中反映出来⑥。

科斯托夫(S. Kostof)认为不应单纯地将城市划分为规划和未经规划两类,经过严格自上而下设计的城市也可能被自下而上的设计进程所改造。激进的城市改造是不可能出现的,城市的修补,也就是说对已有结构的零星改造才是比较常见的过程⑦。

因此,自上而下的设计是有目的、有预期的设计,而自下而上的设计是没有明确的目的、不断演化的、无法预期的设计。由于两者在方法上、过程上的差异,很多人认为这两种方法是相斥的,部分学者认为两者具有共同的特征,体现在原型与模式都是经过进化的可适应性设计方法。

无论以怎样的方式对建筑与城市规划设计方法进行分类,无可否认的是,自下而上的方式具有更多更好的适应机会,建成环境是适应性设计方案得以发展和演化的媒介。科斯托夫在谈到历史进程中的城市形式时强调,城市进程在很大程度上指的是已有的框架或"已有"平面基础上的城市发展经历,并非建筑师或建筑史学家在谈到城市形式时所习惯强调的道路系统⑧。如何在城市进程已有的框架中进行有效的城市规划与城市管理,笔者认为应在过去传统的自上而下设计方法中引入自下而上的设计方法。只有这样,人们才能充分考虑建成环境对规划的意义。自下而上的方法本身既是一种信息处理的方式,也是一种新思维模式⑨。仇保兴认为城市与周边的社会及自然环境具有共生、共同进化的关系。而要优化这种"共生"关系,必须充分发挥"自上而下"的决策控制与"自下而上"的分散协调机制相结合的作用⑩。巴蒂(M. Batty)认为是复杂科学的引入改变了人们对城市演化过程的思考,有机模式取代了机械模式,大量自下而上的城市改造局部行为反

① 仇保兴. 复杂科学与城市规划变革[J]. 城市规划,2009,33(4):11-28
② [美]亚历山大 C,奈斯 H,安尼诺 A,等. 城市设计新理论[M]. 陈治业、童丽萍,译. 北京:知识产权出版社,2002
③ [美]尼科斯·A. 萨林加罗斯. 城市结构原理[M]. 阳建强,程佳佳,刘凌,等,译. 北京:中国建筑工业出版社,2006:209
④ [美]伊利尔·沙里宁. 城市:它的发展、衰败与未来[M]. 顾启源,译. 北京:中国建筑工业出版社,1980:9
⑤ [美]亚历山大 C,奈斯 H,安尼诺 A,等. 城市设计新理论[M]. 陈治业、童丽萍,译. 北京:知识产权出版社,2002:19
⑥ [美]伊利尔·沙里宁. 城市:它的发展、衰败与未来[M]. 顾启源,译. 北京:中国建筑工业出版社,1980:31
⑦ [美]斯皮罗·科斯托夫. 城市的形成——历史进程中的城市模式和城市意义[M]. 单皓,译. 北京:中国建筑工业出版社,2005:62
⑧ 科斯托夫这里所指为培根的《城市设计》。来源:[美]斯皮罗·科斯托夫. 城市的形成——历史进程中的城市模式和城市意义[M]. 单皓,译. 北京:中国建筑工业出版社,2005:26
⑨ http://en.wikipedia.org/wiki/Top%E2%80%93down_and_bottom%E2%80%93up_design
⑩ 仇保兴. 复杂科学与城市规划变革[J]. 城市规划,2009,33(4):11-28

映出城市系统的开放性特征①②。

1.1.4　城市形态演化的复杂性与适应性

如何能够设计出可持续发展的建筑、街区、城市？我们可以从历史城市的演化中窥见城市形态演化过程中的自适应特征。其中,分形结构特征是体现城市形态持久性与复杂性的重要特征。塞灵格勒斯认为城市各个尺度层次的连接至关重要,从小尺度到大尺度连接起来,城市才能形成连贯的整体,否则,城市结构就会出现断裂和无序。经过计算,连贯规模间的比例系数必定处于2和5之间,过高的系数导致不同规模建筑之间无法形成连贯的整体③。唐长安的空间布局、北京的四合院、紫禁城反映出中国古代城市空间结构的分形与嵌套特征,也是简单的构型演变为复杂结构的代表,如图1-5、1-6所示。

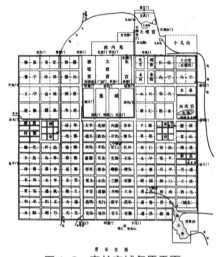

图1-5　唐长安城复原平面

(《中国建筑史》编写组,中国建筑史[M],中
国建筑工业出版,1982.p.42)

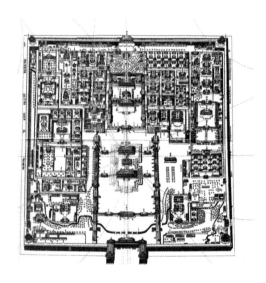

图1-6　紫禁城④

从分形角度出发,城市作为有机体的进化特征类似于生态学原理,需要渐进式的适应过程,渐进过程中城市的变化主要表现为功能改变和丰富的形态改变,持久的适应性是城市演变和保持连续性的基础。现代主义引发城市形态巨变,城市规模遭到破坏,城市扩张淡化了形态,并破坏了形态的连续性⑤。希列尔(Bill Hiller)从空间句法的角度对城市的道路、空间和建筑物的关系进行了分析和研究,他认为城市形式产生于自然过程和人类干预之间的互动界面之中。人类行为限制并构筑了自然的生长过程,缺了两者的关系就无法理解建成环境。而建成环境的复杂演变过程中,人类有意识的干预以及它的局限性必须被理解⑥。塞灵格勒斯从城市空间连接性的角度对生成城市空间的定律总结了3个公理,即城市空间由明确信息表面界定;空间信息领域决定了道路和活动场所的联系网络;城市空间的核心是让行人活动空间受到保护,不受汽车

①　Batty M. Building a Science of Cities[C]. Working Paper Series 170 of Centre for Advanced Spatial Analysis. London: University College London,2010

②　Batty M. Generating Cities from the Bottom-Up: Using Complexity Theory for Effective Design[EB/OL]. (2008-09-16) http://www.cluster.eu/generating-cities-from-the-bottom-upcreare-la-citta-dal-basso-in-alto/

③　Salat S. 城市与形态[M]. 陆阳,张艳,译. 北京:中国建筑工业出版社,2012:74

④　赵广超. 大紫禁城[M]. 北京:紫禁城出版社,2008

⑤　Salat S. 城市与形态[M]. 陆阳,张艳,译. 北京:中国建筑工业出版社,2012:116

⑥　比尔·希利尔. 空间是机器——建筑组构理论[M]. 杨滔,张佶,王晓京,译. 北京:中国建筑工业出版社,2008:49

交通的干扰①。

虽然城市形态演化的复杂性总是超出了人们的想象,对城市系统的自组织属性认知还未形成具体的算法,但理解城市形态演化的复杂性有助于产生具有适应性的城市设计方法。

1.1.5 中国城市化与国外城市化研究差异

中国城市与国外城市的空间发展差异主要表现在两个方面:

(1) 从发展历史过程来看。西方发达国家的工业化和城市化具有一元自然演进的特征,表现为城乡、工农的同步转型,而后起工业化国家则与之相反,是"强制"的结果②。中国具有赶超型城市化的一般特征,尤其是其生产性城市发端于传统行政城市和沿海开放城市。为了赶超先进国家,工业化不可能从内部自然产生,后起国家往往先集中主要资源和财力于大城市和工业的发展,形成"城市偏向"和"工业偏向"的发展战略,这种"先生产后分配"的发展战略不可避免产生城乡收入差距、工农发展不平衡等二元结构问题。二元结构既表现在城市结构上,也表现在城乡结构上。欧美国家的城市主要是渐进式的发展,更加接近于自下而上的形成过程(尽管这个过程也有政府的宏观调控政策及市场引导作用),基本是有规律可循的。而中国的城市空间发展是短时期内迅速发展,政治因素、政绩因素等影响着城市用地发展方向,而这些因素基本是无规律可循的。

(2) 从城市管理的角度来看。欧美国家在 20 世纪 60 年代为了应对城市蔓延问题,开始实施城市增长管理。政府加强对土地市场的直接和间接干预,通过公共征用、土地利用规制和城市规划条例及其他诱导性公共政策来调控城市土地开发的位置、时序和质量等,约束和引导实现土地精明增长,以达到环境保护、社会公平和社会发展兼顾的目标。中国的土地所有制及社会主义市场经济特征使现行的城市用地管理政策主要集中在城市规划编制和管理以及土地利用规划与管理③。欧美国家的城市蔓延的重要特征是中心区衰退、低密度蔓延等问题,而中国城市大多拥有高密度混合开发的内城,在城市化持续快速推进和保护耕地的国策的影响下,中国城市形态相对紧凑,基本不存在欧美的中心区衰退和大规模低密度蔓延的情况。

中国城市与西方发达国家城市的空间发展差异导致城市模型在建模、模拟、分析和预测的过程中也出现了一定的差异。西方发达国家城市模型数据与现实的形态匹配指数较高,表明城市的发展是有规律的,而中国城市模型的形态匹配指数较低,表明城市的发展缺乏一定规律。如何创建中国特色的大尺度城市模型是当前面临的主要问题。

1.2 研究目标与内容

1.2.1 研究目标

研究探讨动态城市增长模型在宏观、中观和微观 3 个空间层次中的演化规律、优势与问题,并从模型数据结果分析城市化进程中政府对城市管理的可行性、发展潜力与决策。宏观从市域的角度构建城市及其周边区域演化模型,中观从城市的角度构建城市模型,微观从村落的角度构建村落空间演化模型。3 个不同的空间尺度代表了城市在发展过程中不同的发展阶段。村落作为城市发展的早期阶段,具有典型的空间自组织特征,是多智能体建模的理想研究对象。而城市作为自上而下和自下而上两种城市空间发展动力相结合的研究对象,适合于运用城市元胞模型进行分析

① 尼科斯·A. 萨林加罗斯. 城市结构原理[M]. 阳建强,等,译. 北京:中国建筑工业出版社,2011:37
② 唐茂华. 东西方城市化进程差异性比较和借鉴[J]. 国家行政学院学报,2007(5):99-101
③ 陈爽,姚士谋,吴剑平. 南京城市用地增长管理机制与效能[J]. 地理学报,2009,64(4):487-497

和研究。

城市元胞模型与GIS结合可以构建大尺度城市模型,而基于多智能体建模则适合于在微观领域引入文化和社会等因素,探讨人的决策与活动对空间结构和形态演化产生的作用。同时,通过建立中国城市和村落模型,测试元胞自动机和多智能体模型在中国城镇案例研究中的可行性、问题与发展潜力,并探讨中国城市模型与西方发达国家城市模型的差异与应对。

1.2.2 研究平台

元胞自动机和多智能体模型以体现自下而上的复杂系统思想而成为当前动态城市模型发展的潮流。当前有代表性的几种城市元胞自动机模型包括克拉克(K. C. Clarke)的SLEUTH模型,谢一春的DUEM模型,怀特(R. White)的Environment Explorer模型,黎夏的GeoSOS模型,等等。不同的模型有不同的研究侧重点。SLEUTH模型主要用于研究城市的增长过程及其主要特征,已成功应用于美国和西欧等国100多个城市。克拉克在对SLEUTH模型的总结文章中列出多个案例以证明SLEUTH模型适用于欧美城市[①]。这个结论在一定程度上表明,西方发达国家的城市自组织发展进程与中国城市有所不同。国内城市运用SLEUTH模型建模的案例也有一些,研究集中于城市增长模拟、景观格局变化、景观模拟结果的验证和精度评价等等,缺乏对中国的城市增长与西方城市增长过程的差异进行对比和分析。本研究选择SLEUTH模型作为城市增长研究的基本模型,探讨其在中国城市建模中的优势、问题、局限性、未来发展方向以及东西方城市增长过程的差异、对比与分析。

多智能体模型与城市元胞模型相比,没有实际可操作的应用程序,但其提供了基础编程平台,研究人员可根据自身的需要,通过对基础类的调用实现模型的编程。在城市建模研究中,为了实现空间定位,常常需要调用地理信息系统的数据输入、管理和分析功能,因此对城市研究的多智能体建模平台应综合地理信息系统的功能。当前有代表性且综合了地理信息系统功能的多智能体建模平台有Swarm,Repast。本书的研究选择Repast作为建模平台,以Java为编程语言,调用地理信息系统实现模型视图的输出和数据的分析。多智能体模型由于从底层开发,因此相比城市元胞模型更加灵活,尤其适用于规模较小的城市建模,并且能够在模型中引入社会、文化因素,探讨社会、文化以及人的决策对城市空间产生的影响。

1.2.3 研究内容

城市建模采用案例研究的方式,内容包括3个等级大小不同的人类聚居地:一个是具有典型自组织特征的村落(西递),一个是由初期自组织小城镇逐步发展起来的大中城市(淮安),一个是具有悠久发展历史的特大城市(南京)。3个不同等级的聚居地分别代表中国城市化发展进程中的几种不同的空间发展模式,如表1-1所示。其中,西递村落采用了基于智能体的建模平台,以GIS作

表1-1　研究案例空间尺度与空间发展特征

聚居地级别	城市名称	传统自组织理论 (自组织的作用)	城市规划作用 (他组织的作用)	自下而上的发展过程 (自组织与他组织的共同作用)
村落	安徽西递	极为典型	没有	完全自下而上
中等城市	江苏淮安	前期典型,后期不典型	部分	部分自下而上
特大城市	江苏南京	极不典型	很重要	部分自下而上

---

① Clarke K C, Dietzel C, Goldstein N C. A Decade of SLEUTHing: Lessons Learned from Applications of a Cellular Automaton Land Use Change Model [R]. Institute for Environmental Studies,2007

为空间分析工具,研究村落空间发展与演化,空间分辨率达到精细级别(居民宅基地);淮安与南京由于城市空间范围较大,采用 SLEUTH 模型作为建模平台,研究中国城市自下而上的发展与演化过程,空间分辨率为 100 m×100 m 上下。

1) 城市元胞模型在城市规划中的可行性研究

SLEUTH 模型在中国城市案例研究中的可行性研究包括:

- 我国城市空间增长量化分析方法研究

国内外学者对于城市的增长模式已有大量的探讨。理论大部分集中在城市用地扩展的驱动力、城市形态与环境之间的问题等方面,主要采用定性描述的方式,缺乏量化分析,因此研究结果缺乏说服力。仅有的几种量化分析方法(例如凸壳理论),缺陷是研究结果只能对城市已发展区域做出静态分析,无法对城市发展的未来做出动态、科学的预测。城市元胞模型无疑可以提供城市增长模式的量化数据,并对城市的未来做出科学的预测。

- 探讨中国城市建模对元胞单元空间敏感性问题

在土地利用建模中,空间尺度不仅会影响到土地利用模式的测度与量化描述,也会影响到模型参数或系数的设置。而模型的参数与系数又是决定土地利用动态变化行为的关键因素。在精细的城市元胞空间尺度上,空间的发展与变化往往与景观要素的活动行为相关联。而在宏观城市元胞空间尺度上,空间发展与演化则往往与环境、政府政策、宏观经济状况等相关联。因此,不同的城市空间尺度与空间的发展和变化有着密切的联系。国外的部分研究案例表明 SLEUTH 模型对空间尺度敏感,但什么空间尺度较为适宜并没有得到一致的结果。在淮安研究案例中,我们测试并记录模型对不同元胞单元空间的模拟结果,通过空间适配指标判断模型对空间尺度的敏感性,以及多分辨率图像的空间差异问题。

- 城市模型增长系数与空间适配指标数之间的关联研究

城市增长系数是城市增长模式的量化指标,空间适配指标是测试模拟演化图形与真实城市图形数据之间是否匹配的重要参考依据。适度的空间适配指标数是判定城市增长系数具有代表性的前提。由于不同的空间适配指标数往往代表着图形匹配性能的不同方面,如何协调这些空间适配指标数成为确定城市增长系数的关键。在案例模拟演化过程中,我们测试并记录了不同城市增长系数与空间适配指标数之间的关联关系,测试数据表为科学测定城市空间增长系数奠定了基础。

- 对中国城市空间非线性发展特征的计算与模拟

城市作为复杂自适应系统,必定带有复杂系统的特征,非线性是反映复杂系统的重要特征。城市模型经历了多年的发展,早期数学公式或方程都是以线性关系为基础的,无法测度非线性发展特征对象,而城市元胞模型自下而上的生成原理使之成为描述和计算城市空间非线性发展的重要模型。在淮安案例研究中,我们尝试着通过城市元胞模型生成的数据分析城市空间的非线性发展特征。

- 讨论中国城市化进程与国外城市化进程的模拟差异

由于土地所有制、经济基础以及城市规划管理制度的不同,西方国家与中国对土地控制存在着很大差异。差异充分表现在城市演化模拟的结果和指标数值中。研究以模拟结果数值为参考依据,多方面阐述国内外城市化进程的差异。

- 对未来城市形态的模拟

在复杂系统的认知背景之下的城市规划中,不确定性已经成为社会的重要特征,也是城市作为复杂系统的重要特质。情景规划方法应运而生,该方法采用假定未来场景的方式,被认为是处理城市规划中不确定性因素的工具。科学的情景预测对研究城市空间中的涌现现象以及不确定性特征具有重要意义,更重要的意义还表现在城市规划终于可以像物理或化学实验一样可以在一个实验室以实验场景的形式展现出来。

  • 有关城市规划以及土地利用规划的方案可行性、城市的可持续发展以及政府决策管理等问题的讨论

城市元胞模型通过采用细胞自动机的计算方法模拟城市的自下而上的城市演化过程,也可以通过各种方式实现部分的自上而下的算法模拟城市规划或政府决策机制对城市空间发展的引导作用。因此,城市建模可以测试城市规划或土地利用规划在方案实施后城市空间的发展趋势,预测未来可能的城市形态。以前这个过程只能在城市规划实施若干年后根据城市空间发展现状进行分析,但通过城市元胞模型就可以在实验室的环境中进行预测与分析。模拟数据为规划方案的可行性、是否有利于可持续发展的城市,以及政府对土地利用的管理与决策提供科学的量化分析结果。

2)基于多智能体建模在村落空间演化中的应用研究

  • 运用计算机编程的方法定义村落空间结构转换规则

多智能体系统的建模平台特征是系统仅提供用于编程的模板,模板提供了建模过程中程序运行所需要定义的基本方法。但程序的编写以及对智能体活动的定义需要用户根据情况自行编写。研究案例采用 Repast 建模平台,以 Java 为编程语言,程序所写的类和代码部分继承了类模板的属性。

  • 多智能体模型与 GIS 相结合,由 GIS 提供空间的准确地理信息和地理环境,由多智能体模型提供元素的空间变化

多智能体模型与 GIS 的结合为多智能体模型的应用发展提供了广阔的前景。在城市模型中,多智能体指代不断变化的地块,地块数据的存储、分析、管理在 GIS 中完成。多智能体系统程序通过转换规则计算地块的发展状态。在西递村落的研究案例中,我们尝试将多智能体模型与 GIS 相结合对宅居地的地块进行动态模拟,探讨其演变的过程与自组织空间发展规律。

  • 多智能体动态模拟与传统静态分析方法的差异和对比研究

城市空间发展与演变研究已经历了数十年,尤其在建筑历史专业的研究成果最为丰富。但传统的城市空间发展研究是以静态分析方法为主。静态分析是一个理想化的均衡假想模型,而计算机模拟则反映出动态的、演进式的生成过程。两者的不同表现在静态往往是一个平衡态,而动态则能够反映出空间在远离平衡态状态下形成的空间发展动力。这种动力是系统自组织的主要动力,推动系统走向宏观的均衡与秩序。静态分析可以认知宏观的均衡与秩序,却无法认知其生成过程,因此,得到的研究成果,尤其是空间发展过程研究会出现假想偏差。在案例研究中,我们对动态模拟结果与传统的静态分析研究成果进行了差异对比研究。

1.3 国内外相关理论研究综述

城市元胞模型与多智能体技术是以复杂系统理论的发展为背景的。系统科学经历了从狭义的系统科学(老三论,即系统论、控制论和信息论)到广义的系统科学(新三论,即耗散结构理论、协同学和突变论),其思想改变了人们观察世界的方法和角度。20 世纪 80 年代中期,圣菲研究所(the Santa Fe Institute,简称 SFI)提出的复杂性科学更是受到各个领域学界的普遍重视。我国邓聚龙教授在 80 年代末提出灰色系统理论以及钱学森提出的复杂系统理论都对系统论的研究起到了扩展、充实和完善的作用。钱学森提出在中国构建综合集成研讨厅体系,该系统可应用于复杂问题的研究实践,涉及的关键问题包括:人机结合导致群体智慧的涌现;研讨组织方法研究和专家群体的有效交互规范;知识管理;系统开发方法;模型集成机制;人机交互方法等等[①]。多智能体技

---

① 钱学森,戴汝为. 论信息空间的大成智慧[M]. 上海:上海交通大学出版社,2007:154

术是综合集成研讨厅体系的重要方法。

1.3.1 国外相关理论研究与实践

图灵(A. M. Turing)1937 年发表论文《论可计算数及其在判定问题中的应用》(*On Computable Numbers with an Application to the Entscheidungsproblem*),提出了图灵机模型。元胞自动机中的每个元胞就是一个图灵机。40 年代,乌拉姆(S. M. Ulam)用格网研究晶体生长。50 年代,诺伊曼(J. V. Neumann)受到图灵机的启发,研制了自我复制自动机。但诺伊曼的细胞自动机极其复杂。70 年代,康威(J. Conway)发表了"生命游戏",尝试在极为简单的虚拟世界中发生变化。沃尔夫勒姆(S. Wolfram)在广泛研究细胞自动机 15 年后,提出了备受争议的科学研究新范式①。他对一维元胞自动机,尤其是初等元胞自动机的深入研究奠定了元胞自动机理论的基石。沃尔夫勒姆在元胞自动机分类时,无法确定在一维元胞自动机中的哪些构形隶属于"混沌的边缘"。兰顿(C. G. Langton)通过参数的计算,定义了"混沌的边缘"②。

早期将元胞自动机的思想应用于城市的研究可溯至哈格斯泰德(T. Hagerstrand)的空间扩展模型和托普勒(W. R. Tobler)有关理论计量地理学的思想。哈格斯泰德运用蒙特卡洛方法(Monte Carlo Method)模拟了城市的扩展。60 年代查彬和韦斯(Chapin & Weiss)在城市土地利用变化研究中采用了元胞自动机的思想。托普勒 70 年代首先提出用元胞空间模型模拟底特律区域的城市增长③④。考克林斯(H. Couclelis)继续了有关元胞自动机在地理学和城市中的研究,她相继在 *Environment & Planning A & B* 期刊上发表了 3 篇论文,奠定了元胞自动机在城市发展研究中的基础。她早期工作是探讨运用元胞自动机研究地学中的理论问题,例如复杂性问题以及结构的形成等等,

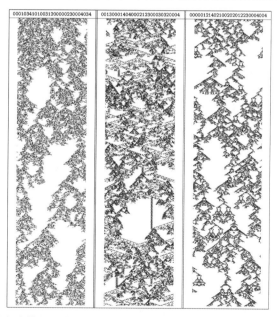

图 1-7　沃尔夫勒姆元胞自动机动力学行为分类第 4 类元胞构形——复杂型

① Wolfram S. A New Kind of Science[M]. Champaign: Wolfram Media, Inc. , 2002
② Langton C G. Studying Artificial Life with Cellular Automata[J]. Physica D Nonlinear Phenomena, 1986, 22(86):120-149
③ Tobler W R. A Computer Movie Simulation Urban Growth in the Detroit Region[J]. Economic Geography, 1970, 46(2): 234-240
④ Tobler W R. Cellular Geography[M]//Gale S, Olsson G. Philosophy in Geography. Dordrecht: D. Reidel Publishing Company, 1979: 379-386

并对元胞自动机在地理学中的应用潜力从理论上做了阐述。菲普斯(M. Phipps)采用规则六边形网格作为元胞空间,运用蒙特卡洛方法生成空间概率矩阵,并以此作为邻域空间扩散的基础,将之命名为"邻域一致原则"①。该研究方法的目的是探寻空间局部相互作用导致全局模式形成的非线性动态过程。

20 世纪 80 年代开始,有很多学者开始研究非线性动力学在城市发展变化中的应用。威尔逊(A. Wilson)发表城市区域中的突变论和分叉,艾伦(P. M. Allen)以普利高津(L. Prigogine)和哈肯(H. Haken)的耗散结构论和协同学为基础,形成城市空间结构的动态模型。空间形态演化的动态性研究在这个时期获得了较大的发展。巴蒂利用凝聚扩散模型模拟了城市的增长,设计的DLA 模型原型为随机行走模型,本质上属于一种广义的元胞自动机模型②③。

90 年代早期,怀特尝试用非线性城市动力学原理将元胞自动机应用于真实的美国城市系统中,即辛辛那提、密尔沃基、休斯敦、亚特兰大 4 个城市中④。克拉克用元胞自动机对美国旧金山海湾地区城市化的历史发展过程建模⑤⑥。吴缚龙对广州进行了模拟⑦⑧。叶嘉安和黎夏对珠江三角洲、东莞、广州和深圳等地进行了大区域城市演变模拟⑨。吴缚龙对英格兰东南区域的人口潜力建模⑧等等。丹曼(P. Deadman)的城郊居住模拟模型⑪和谢一春对布法罗郊区的有关城市增长和蔓延的研究为代表探讨城郊长期动态增长的过程⑫。沿着这个研究方向,还有贝斯(E. Besussi)对意大利东北部城市的动态蔓延的模拟⑬,韦德(D. P. Ward)对澳大利亚昆士兰地区城市蔓延和变化的模拟⑭,程建权的博士论文对武汉的模拟⑮等等。波图盖里(J. Portugali)等重点研究土地利用的动态性与社会-经济和种族组织形成之间的关系⑯⑰⑱(图 1-8)。奥沙利文(D. O'Sullivan)提

① Phipps M. Dynamical Behavior of Cellular Automata Under the Constraint of Neighborhood Coherence[J]. Geographical Analysis,1989, 21(3): 197-215

② Batty M, Longley P. Fractal Cities — A Geometry of Form and Function[M]. Salt Lake City: Academic Press, 1994

③ Batty M. Cities and Complexity[M]. Cambridge: MIT Press, 2004

④ White R, Engelen G. Cellular Automata and Fractal Urban Form: A Cellular Modelling Approach to the Evolution of Urban Land-Use Patterns[J]. Environment and Planning A, 1993,25(8):1175-1199

⑤ Clarke K C, Hoppen S, Gaydos L. A Self-Modifying Cellular Automaton Model of Historical Urbanization in the San Francisco Bay Area[J]. Environment and Planning B: Planning and Design, 1997, 24(2):247-261

⑥ Clarke K C, Gaydos L. Loose-Coupling a Cellular Automaton Model and GIS: Long-Term Urban Growth Prediction for San Francisco and Washington/Baltimore[J]. International Journal of Geographical Information Science, 1998,12(7):699-714

⑦ Wu F, Webster C J. Simulation of Land Development Through the Integration of Cellular Automata and Multicriteria Evaluation[J]. Environment and Planning B, 1998, 25(1): 103-126

⑧ Wu F, Martin D. Urban Expansion Simulation of Southeast England Using Population Surface Modelling and Cellular Automata[J]. Environment and Planning A, 2002, 34(10):1855-1876

⑨ Li X, Yeh A G O. Modelling Sustainable Urban Development by the Integration of Constrained Cellular Automata and GIS[J]. International Journal of Geographical Information Science, 2000, 14(2):131-152

⑪ Deadman P, Brown R D, Gimblett P. Modelling Rural Residential Settlement Patterns with Cellular Automata[J]. Journal of Environment Management, 1993, 37(2):147-160

⑫ Batty M, Longley P. Fractal Cities — A Geometry of Form and Function[M]. Salt Lake City: Academic Press, 1994

⑬ Besussi E, Cecchini A, Rinaldi E. The Diffused City of the Italian North-East: Identification of Urban Dynamics Using Cellular Automata Urban Models[J]. Computers Environment and Urban Systems, 1998, 22(5):497-523

⑭ Ward D P, Murray A T, Phinn S R. A Stochastically Constrained Cellular Model of Urban Growth[J]. Computer, Environment and Urban Systems, 2000, 24(6):539-558

⑮ Cheng Jianquan. Modelling Spatial and Temporal Urban Growth[D]. Enschede: ITC, 1999

⑯ Portugali J. Self-Organization and the City [M]. Berlin: Springer, 1999

⑰ Benenson I. Multi-Agent Simulations of Residential Dynamics in the City[J]. Computers, Environment and Urban Systems, 1998,22(1):25-42

⑱ Benenson I, Omer I Hatna E. Entity-Based Modeling of Urban Residential Dynamics: The Case of Yaffo, Tel Aviv[J]. Environment and Planning B: Planning and Design,2002,29(4):491-512

出基于地图代数的图元胞自动机方案①。他认为应改变元胞自动机的形式，形式反映空间关系，而空间关系可以通过地图代数的方法获得②。在 DLA 模型方面，马克思（Makes. H. A.）等从 DLA 模型发展出城市增长的相关渗透模型，并将该模型应用于伦敦、柏林等大城市的增长模拟中。模拟及分析结果于 1995 年发表于《自然》杂志。

初始状态：住宅随机放置，住宅单元值由高到低，颜色越深值越高）

状态 1（城市无内部边界）——20 次迭代后

状态 2（城市有内部边界）——20 次迭代后（道路网络限定了城市住区范围，对住宅的分布有影响）

图 1-8 特拉维夫住宅区社会隔离研究案例③

在地理信息系统方面，很多学者将元胞自动机和 GIS 结合起来，进行城市发展方面的模拟和预测研究，巴蒂进行了柏林城市增长与预测方面的研究④，克拉克在美国地质调查局的支持下，开发 SLEUTH 模型，进行了华盛顿-巴尔迪摩都市区的城市增长变化的研究，怀特等先后利用元胞自动机和 GIS 结合进行了城市增长方面的研究。克罗纳（A. Colonna）等人将智能识别系统引入元胞自动机，建立学习型的元胞自动机，并以罗马地区为例，利用遗传算法从经验数据库中学习并归纳出元胞转换规则，根据这些规则来模拟城市土地利用形态的变化⑤。

21 世纪初，很多学者认为城市结构宏观形态往往是局部异质智能体与外部环境不断交互作用形成的。元胞模型可以成功地复制和模拟城市生态与生物地球物理互馈机制，但却无法反映人类的决策过程，因此转向多智能体技术，并以此构建更大的建模框架。各种基于智能体模型的计算机软件也在各种理论背景下应运而生，应用的研究领域也越来越广泛。本纳森（I. Benenson）对 1955—1995 年期间特拉维夫的 Yaffo 区域种族居住分布进行模拟⑥。克鲁克（A. T. Crooks）对种族隔离研究、居住和公司场所，以及地下车站的徒步撤离进行模拟⑦。

另外，欧本肖（S. Openshaw）1994 年提出了地理计算（Geocomputation）的概念，指出地理计

① O'sullivan D. Graph-Based Irregular Cellular Automaton Models of Urban Spatial Processes[D]. London：Centre for Advanced Spatial Analysis，UCL，2000

② Takeyama M，Couclelis H. Map Dynamics：Integrating Cellular Automata and GIS Through Geo-Algebra[J]. International Journal of Geographical Information Science，1997(11)：73-91

③ Portugali J. Self-Organization and the City [M]. Berlin：Springer，1999

④ Batty M，Longley P. Fractal Cities — A Geometry of Form and Function[M]. Salt Lake City：Academic Press，1994

⑤ Colonna A，Stefano V D，Lombardo S，et al. Learning Cellular Automata：Modeling Urban Modeling[C]. Milan：Proceedings of the 2nd Conference on Cellular Automata for Research and Industry，1996

⑥ Benenson I，Omer I Hatna E. Entity-Based Modeling of Urban Residential Dynamics：The Case of Yaffo, Tel Aviv[J]. Environment and Planning B：Planning and Design，2002，29(4)：491-512

⑦ Crooks A T. Constructing and Implementing an Agent-Based Model of Residential Segregation Through Vector GIS[C]. Working Paper Series 113 of Centre for Advanced Spatial Analysis. London：University College London，2008

算是"基于高性能计算以解决目前不可解或甚至未知问题的方法"[①]。地理计算在计算科学与地理学的交叉领域逐渐形成。自组织系统的演化过程,逐渐演变为一种复杂的计算过程。生物进化、生命演化成为一种对非线性系统的计算和求解。科学家试图模仿生命演化和生物进化的过程以创造新的数理科学。元胞自动机、多智能体技术、神经网络、遗传算法、人工生命等等都是地理计算的研究范畴。

在建筑设计和城市规划中,亚历山大对于建筑与城市规划中复杂性理论的认识和实践做了开创性的工作,1964 年在《形式综合论》(*Notes on the Synthesis of Form*)中提出了运用数学中集合的概念来解决设计问题,并提出城市的发展是自下而上的,规划的方法也应考虑自下而上的方法。根据《形式综合论》的观点,他提出了城市设计的新理论并将其付诸实践,写了《城市设计新理论》(*New theory of urban design*)一书。巴蒂对城市的等级层次和微观结构做了分形分析研究。弗兰克豪泽(P. Frankhouser)提出基于分形几何的城市形态范式[②]。希列尔提出了空间句法的理论[③],其后引起了各高校学科对城市空间结构与空间形态进行拓扑分析定义的一连串讨论。塞灵格勒斯致力于从分形科学的角度探求建筑的基本法则,进而发展出一套关于建筑形式的数学理论。

1.3.2 国内研究与发展

李才伟应用元胞自动机模型成功模拟了由耗散结构创始人普利高津所领导的布鲁塞尔(Brussel)学派提出的自催化模型——Brusselator 模型,又称为三分子模型[④]。谢一春在他的博士论文中,以 ArcView 为平台,用 Avenue 开发了基于元胞自动机的城市动态演变模型(DUEM),并对布法罗(Buffalo)的城市发展进行了模拟和预测[⑤]。吴缚龙利用扩展的元胞自动机模型对城市的增长变化进行了深入研究,构造了城市动态模拟模型[⑥]。周成虎、孙战利在谢一春的城市动态演变模型的基础上构造了城市动力学模型(GeoCA - Urban)。该模型不仅可以模拟假想中的城市产生与发展,还可以引入 GIS 空间数据库、遥感土地分类数据等实际数据,模拟和预测具体城市的发展与演化[⑦]。黎夏,叶嘉安等探讨了元胞自动机中嵌入不同约束条件可以模拟出不同规划情况下城市的发展格局[⑧]。江斌等在空间句法理论的基础上,运用多智能体技术建立了一个虚拟城市系统,系统中定义了许多智能体来表示人,目的是要研究人的运动是如何受城市形态和结构影响的[⑨]。SLEUTH 模型在国内的应用方面,吴晓青等对沈阳市 1988—2004 年期间的城市扩展过程进行了模拟[⑩]。郗凤明等对沈阳-抚顺都市区进行了城市规划预案的设计,然后利用校正系数,预测2005—2050 年沈阳-抚顺市城市空间增长和土地利用变化情况,比较在不同预案下城市空间格局

① Openshaw S, Abrahart R. Geocomputation[M]. London and New York: Taylor & Francis, 2000
② Frankhouser P. Fractal Geometry of Urban Patterns and Their Morphogenesis[J]. Discrete Dynamics in Nature and Society, 1997, 2(2):127-145
③ 比尔·希利尔. 空间是机器——建筑组构理论[M]. 3 版. 杨滔,张佶,王晓京,译. 北京:中国建筑工业出版社,2008
④ 李才伟. 元胞自动机及复杂系统的时空演化模拟[D]. 武汉:华中理工大学,1997
⑤ Batty M. Cities and Complexity[M]. Cambridge: MIT Press, 2004:440
⑥ Wu F L. Simland: A Prototype to Simulate Land Conversion Through the Integrated GIS and CA with AHP-Drived Transition Rules[J]. International Journal of Geographical Information Science, 1998, 12 (1):63-82
⑦ 周成虎,孙战利,谢一春. 地理元胞自动机研究[M]. 北京:科学出版社,1999:121-160
⑧ 黎夏,叶嘉安. 约束性单元自动演化 CA 模型及可持续城市发展形态的模拟[J]. 地理学报,1999,54(4):289-298
⑨ 江斌,黄波,陆峰. GIS 环境下的空间分析和地学视觉化[M]. 北京:高等教育出版社,2002:148-153
⑩ 吴晓青. SLEUTH 城市扩展模型的应用与准确性评估[J]. 武汉大学学报(信息科学版),2008,33(3):293-396

和区域景观变化①。冯徽徽等运用结合 GIS、RS 技术,对东莞市区 1990—2003 年城市增长情况进行了历史重建,同时预测到 2030 年的城市增长情况②。

在城市的分形研究中,陈彦光借助于分形等数学工具,基于尺度和标度的思想,探讨城市地理系统中简单与复杂、有序与无序、结构与随机、微观与宏观以及对称与对称破缺的对立统一关系,建立相应的数学模型③。

1.3.3 研究的问题与未来的发展

传统城市模型是从现有的城市形态和发展过程中归纳总结出一定的规律和模式,再将这样的规律应用到某个具体城市,去分析和解释其结构形态特征和发展过程,这样的描述往往是对城市空间结构的静态描述。而元胞自动机和多智能体模型则是通过研究和观察可能的城市形态结构及其发展变化模式来揭示城市复杂现象的特征,探索城市发展的内在规律,从而指导人们的城市规划活动。但在研究过程中,人们却常常会质疑模型的意义与真实性问题,例如模型指出在某些情况之下,城市空间结构会产生怎样的变化,而这种情况很可能在城市中是不会出现的。巴蒂认为科学研究的目的并不局限于研究现有的真实的客观世界,研究潜在的可能的现象也是科学研究的任务之一。周成虎提出好模型既不必要也不充分忠实地反映它所表示现象的各个方面,一个模拟系统的真实性是由过程真实性,而非数据真实性所衡量的。

另外,很多模拟真实城市的元胞自动机模型面临有关距离的作用范围的问题。在地理学的空间研究中,距离的作用范围则具有重要意义。引力模型、空间自相关、网络连接等的概念体现出元素空间作用随距离增大而衰减的特征。但距离的作用在沃尔夫勒姆的元胞自动机模型中是无法表达的,很多学者修改了严格的元胞自动机模型以适应距离衰减特征。但是否应该在元胞自动机中修改邻域的范围以适应现实中的城市仍是具有极大争议的课题。另外,城市元胞自动机在模拟真实城市的过程中修改了沃尔夫勒姆的元胞自动机模型的基本邻域规则,虽然能够适用于特定的城市发展过程模拟,却丧失了元胞自动机模拟最重要的特质——涌现的模拟与研究。这也是强约束模型带来的问题。从这个角度出发,考克林斯倡导元胞自动机是概念组织框架,并非量化规划模型思想,元胞自动机模拟过程中的不确定性具有重要的研究价值。

元胞自动机的局限性导致了多智能体系统的引入。多智能体系统将人的因素与土地的作用相结合,模型开始反映影响土地结构演变的人文因素或是人的决策和管理。GIS 为城市模拟提供了强大的空间数据处理平台,主流 GIS 软件系统都包含着很多获得、预处理和转换数据工具。由于 GIS 在空间数据的存储、管理、计算、分析等方面功能很强,而且元胞自动机中的元胞与GIS 中的栅格数据模型十分相似,因此可以利用元胞自动机建立元胞之间的相互作用与规则,共同构造城市增长元胞自动机模型。因此,较为理想的城市模型是通过元胞自动机模拟城市环境,多智能体模型用于模拟人的决策与交互,城市的宏观空间格局是由人的决策与交互过程决定的。未来,元胞自动机、多智能体技术与 GIS 技术结合将会极大地增强 GIS 对复杂问题和城市现象的分析和模拟能力。

---

① 郗凤明,胡远满,贺红士,等.基于 SLEUTH 模型的沈阳—抚顺都市区城市规划[J].中国科学院研究生院学报,2009,26(6):765-772

② 冯徽徽,夏斌,吴晓青,等.基于 SLEUTH 模型的东莞市区城市增长模拟研究[J].地理与地理信息科学,2008,24(6):76-79

③ 陈彦光.分形城市系统:标度·对称·空间复杂性[M].北京:科学出版社,2008:331-374

1.4 研究方法与框架

1.4.1 定性与定量结合的综合集成方法

城市作为开放的复杂巨系统具有复杂的层次结构,元素之间的关联关系异常复杂,单单从一种理论(例如系统动力学或自组织理论)角度来解释城市现象是不可能成功的,因为单一理论往往会从某一个角度简化人的社会性、复杂性、人的心理和行为的不确定性,以至于把复杂巨系统问题变成了简单巨系统或简单系统的问题①。因此,笔者认为对城市问题的建模应借鉴钱学森提出的利用专家的经验,以定性为基础,采用定性与定量相结合的综合集成方法。

这个方法遵循了一个较为明确的过程:问题的提出→问题形式化→问题背后运行机制的讨论和研究→解决问题的途径与方法→数据收集→数据探索性分析→选择方法,提出假设→建模→测试和验证→评价成果。这个过程中,计算机与人发挥着同样的作用。空间问题的提出和分析方法的选择决定于人的主观能动性。对城市规划而言,问题的提出与抽象分析,尤其是元素分析很多时候依赖于专家经验以获得问题的准确分析,此种分析类似于定性分析。计算机建模是在定性分析的基础上进行定量分析,建立计算机模型一方面可以验证理论分析和研究的正确性,另一方面可以在实验环境中进行测试和模拟,甚至可以预测未来的状态。

1.4.2 研究框架

本书共分 9 章。第一章为绪论,阐述研究背景和意义、研究内容以及研究方法,并简要介绍了国内外的相关理论研究与实践。第二章介绍城市模型的发展历程和历史背景,以及城市模型的相关理论。在新的复杂科学大背景之下,元胞自动机和基于智能体模型已成为当前城市模型的主要研究发展方向。第三章、第四章介绍元胞自动机和多智能体技术的原理。第四章、第五章重点讨论基于城市元胞自动机模型和多智能体模型的技术平台的研究,详细介绍了在研究案例中所使用的两个技术平台:SLEUTH 模型平台及 Repast 模型平台。第六章、第七章、第八章为案例研究,案例选择了我国 3 个等级大小不同的人类聚居地——村落(西递)、中等城市(淮安)和特大城市(南京)。研究的重点是通过元胞自动机和多智能体模型测试并探讨我国城市空间自下而上的形成和发展过程,并在前期历史数据校准的基础上对未来 30 年的城市发展形态进行预测。第九章根据应用实践结果,对大尺度城市建模在城市规划管理中的作用进行分析和总结,提出未来城市建模的发展思路,如图 1-9 所示。

---

① 钱学森,于景元,戴汝为.一个科学新领域——开放的复杂巨系统及其方法论[J].城市发展研究,2005,12(5):1-8

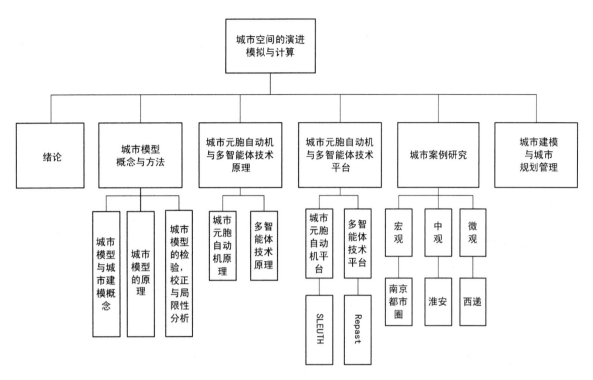

图 1-9 研究框架

2 城市建模的概念与方法

2.1 城市模型与城市建模

城市化是当今社会发展的必然趋势,它不仅为社会财富的积累和生活质量的提高带来新的动力和源泉,而且使人类的生产方式和生活方式发生了巨大变革。根据 2011 年版《世界城市展望》,目前全世界 70 亿人口中有一半生活在城市里,到 2050 年的未来近 40 年里,世界人口多达 23 亿的增长量将全部被城市吸收,这一快速的城市化进程在非洲和亚洲显得尤为突出,给城市居住、环境、基础设施等各方面带来了新挑战。而未来 40 年城市人口在各区域的增长幅度不尽相同,非洲和亚洲将占全球城市人口总增量的 86%。增长最多的国家依次是印度、中国、尼日利亚、美国和印尼。城市人口的迅猛增长为许多人带来了改善教育和获得公共服务的机会,因为人口的集中使得提供这些服务的成本相对较低。但与此同时,城市的就业、居住、能源和基础设施也面临更大挑战,减轻城市贫困、控制贫民窟的扩大以及应对城市环境恶化的压力也更大。

对城市的研究应将城市化作为一个过程来看待,城市化不仅仅包括城市和乡镇居住、工作人口数量的增加,其反映出来的内容要更多。因此,城市化是被一系列紧密联系的变化过程所推动的,这些变化过程包括经济、人口、政治、文化、科技、环境和社会等的变更。诺克斯(P. Knox)指出,城市化会使区域城镇体系的动态和特征方面发生巨大的变化,城镇之间,城市化引起土地利用模式的改变、社会生态的改变、建筑环境的改变和城市生活的本质的变化。这些变化影响和拉动全面城市化进程的动力学机制[1]。

由于涉及城市化过程之间的关系复杂,城市化不仅受动力机制的直接影响,同时也对产生的影响存在一定的反馈。城市变化的各个方面都相互依赖。为了分析和理解这些相互影响和反馈的因素,研究学者提出了多种城市发展理论和模型。由于影响城市发展的因素很多,每个模型有其研究的侧重点,从一个方面或多个方面建构影响因素与城市之间的关系,例如经济与城市发展之间的关系,等等。早期自上而下的分解分析方法和静态均衡方法产生了很多的城市模型,随着人们对复杂系统的认知进入到一个全新的发展阶段,复杂性科学开始运用计算机模拟来分析科学对象,城市模型也进入了一个新的发展领域。

2.1.1 模型与城市模型

模型是对真实事物理想化和结构化的表达方式,不仅可以对现实系统结构进行模拟,还可以模拟其运行机制。很多科学都有着悠久的建模历史,与城市关联的城市建模是地理学对空间科学研究尝试的结果。通过模型,可以使复杂系统得以简化,使之更容易被人们理解和管理。乔利(R. J. Chorley)在《地理学的模型》(*Models in Geography*)中指出,一种模型可以作为一种"心理"手

---

① [美]保罗·诺克斯,琳达·迈克卡西. 城市化[M]. 顾朝林,汤培源,杨兴柱,等,译. 北京:科学出版社,2008:10

段,能使复杂的相互作用更易于具体化,可以作为一种标准的手段用来进行广泛的比较,可以作为一种组织手段来收集和处理资料,可以作为一种直接解释的手段,作为在探索地理学理论和扩充现有理论中的建设手段等等①。模型总是通过去除偶然细节,让现实世界中一些基本的、相关的或有趣的方面以概括的形式出现。而概括常常表现为统计或数学的形式,目的是寻找能够反映人文景观大量异质性和差异性的有关空间组织的一般理论。

城市是一个复杂的社会系统,城市管理人员、政策决策者在管理城市中需要对这个社会系统施加影响和作用。不同于传统科学的实验室研究,城市管理人员、政策决策者们无法操控研究目标,大量社会成本与时间的投入导致人们无法在现实中对城市管理进行实验性尝试。城市模型的研究应运而生,通过建造一个人工的实验环境帮助研究人员了解现实系统中的功能结构,预测未来系统的发展行为。

总之,城市模型是一种广义的抽象模型,结合科学的算法,将现实系统结构和运行机制抽象为函数和变量,运用数学或逻辑语言描述其形成机制与演变过程。城市模型是对现实的高度抽象,符合自然科学对于精确性、简洁性和普适性的要求。

2.1.2 城市建模的概念

城市模型是通过计算机程序从土地利用、人口、就业和交通等方面阐述城市空间结构的形成过程的广义模型,程序中常常包含区位理论,以对城市空间数据进行验证和测试,并预测未来的形态模式。

城市建模是寻找一个适当的城市理论,运用数学公式将该理论转换为一个模型,通过计算机编程的方式对模型数据进行校准、验证和证实的过程。已证实的模型才可用于未来的预测②。城市建模是建立城市模型的先期过程,涉及"抽象化"过程,是对某一客体做概念上的隔离。科学的抽象应能鉴别客体的本质特征,深入到可以鉴别元素与结构组织之间的内在关系。

2.1.3 城市模型的类型与发展

模型的分类方法有多种,乔利根据简化与抽象程度将模型分为 3 类:比例模型、概念模型和数学模型③。比例模型指将真实世界中存在的原型,按人们要求的比例、仿真度、取舍度、取整度等,制作成的实物样品。例如建筑中常用的建筑模型和地图都属于比例模型。另一种类的模型称为概念模型,模型的研究重点在于现实世界中不同元素之间的相互关系,通过图解或语言形式表达出来。例如杜能模型。抽象程度等级最高的模型为数学模型,该类模型被广泛应用,并成为科学研究的主要对象。城市模型的主要研究集中于数学模型,并演化分类出多个种类,例如以理论为基础的城市模型、以时间为基础的模型(静态或动态模型)、以预测为基础的模型(可预测或是不可预测)等等。

城市模型自 20 世纪 50 年代发展至今,主要经历了 3 个发展阶段,分别是形态结构模型、静态模型和动态模型阶段。

城市形态结构模型是计算机产生之前,城市模型发展的初级阶段。这个时期的模型有伯吉斯(E. W. Burgess)的同心圆城市土地利用模型,霍伊特(H. Hoyt)的扇形理论模型,哈里

---

① [英]大卫·哈维. 地理学中的解释[M]. 高泳源,刘立华,蔡运龙,译;高泳源,校. 北京:商务印书馆,1996:171

② Batty M. Urban Modeling[C]//Kitchin R, Thrift N. International Encyclopaedia of Human Geography. Oxford: Elsevier, 2009,12:51-58

③ Thomas R W, Huggett R J. Modelling in Geography: A Mathematical Approach[M]. New Jersey: Barnes & Noble Books, 1980

斯(C. D. Harris)和厄尔曼(E. L. Ullman)的多核心土地利用模型,克里斯泰勒(W. Christaller)的中心地理论以及廖什(A. Losch)对中心地模型扩展出来的空间分布模型。城市形态结构模型仅仅反映了城市土地利用方式的空间模式和空间形态结构研究,并不是真正意义上的城市模型。

20世纪50年代末,计算机的出现给西方城市和区域模型带来新的发展契机,依赖于计算机环境的城市模型得以迅速发展。60年代达到城市模型研究高潮。70年代,城市模型的问题逐渐显现出来,李(D. B. Lee)发表了著名的《大尺度模型的安魂曲》(*Requiem for Large-Scale Models*)一文,表达了对城市模型的质疑和悲观,在学术界产生巨大冲击。城市模型的发展开始停滞,人们对城市模型的问题展开了激烈的讨论。80年代,出现了自组织、多样性、混沌等复杂系统理论,为城市模型的新发展奠定了新的理论基础。1994年,李再次撰文《大尺度城市模型回顾》(*Retrospective on Large-Scale Urban Models*)对城市模型进行了第二阶段的总结,主要提出了三方面问题:黑箱效应、模糊的应用领域以及对自上而下规划体制的依赖。在文章发表后的20年时间中,在系统和理性规划理论[①]影响下,大尺度城市模型获得了快速发展,模型以规划政策评估作为主要研究目标,不再盲目追求单一模型对所有城市系统的模拟和研究。结合国外规划权限不断地方化的政策背景,应用模型着重评估规划政策在城市与区域尺度的经济、环境效应,以动态的方式模拟政策效应的反馈实现,不断提高模型的透明度和可对比程度[②]。根据城市模型的发展阶段,我们将其划分为静态城市模型阶段和动态城市模型阶段。静态城市模型不考虑时间维度,包括城市统计模型和空间相互作用模型。动态城市模型阶段目前是城市模型研究的主要方向,本书所讨论的基于元胞自动机和多智能体技术的城市模型是当前动态模型研究的主题,属于离散动力学城市模型,也是城市模型的重要发展方向。

2.2 城市建模原理与理论

城市模型总体上分为经济学方法与数理统计学方法两大类。经济学方法以经典的一般均衡理论为依据,该理论通过设立宏观且相互关联的行为假设来描述个体共性的选择行为[③]。数理统计学方法则用相关性与回归分析来确定函数变量的选择及参数估值,涉及方差分析、相关分析、回归分析、判别分析、聚类分析等等。这两大类都将城市视为静态实体,土地利用以及变迁总是在一个均衡的时间剖面上,即使包含动态性,也表现为自我均衡。流动性是通过交通成本与距离(出发地到目的地之间)的反比关系来定义的。静态城市模型一方面无法反映当代城市的多样性与异质性(早期城市模型通过匀质来反映异质,因为只有这样才能做到简化与抽象),另一方面也无法反映城市的不稳定性(即城市的动态性应被视为概念更广泛的均衡)。因此,到20世纪后期,理论和建模的研究方向转向自下而上的动态性研究。研究方向的转变反映出相对主义和后现代主义的思潮,模型不再作为检验理论对错的工具,而进一步演化成为信息整合、决策支撑的基本工具和手段。

2.2.1 建模理论方法

20世纪50年代,西方地理学经历了一次地理学研究方法的革新,称为计量革命。在计量革命中,地理学家们把数学统计方法应用在人文地理学研究中,其他学科的定律、规律也用来研究人文

---

① [英]尼格尔·泰勒.1945年后西方城市规划理论的流变[M].李白玉,陈贞,译.北京:中国建筑工业出版社,2006:152
②③ 万励,金鹰.国外应用城市模型发展回顾与新型空间政策模型综述[J].城市规划汇刊,2014(1):81-91

地理问题,使人文地理从定性分析走向定量分析,揭示了人文现象的相互关系、相互作用的空间规律性。该革命思潮延续至80年代复杂系统和复杂科学的新思想诞生,并开创了城市模型的新的历史时期。虽然城市模型的建模理论方法并非本书的主要研究范畴,但回顾这些理论方法可以帮助我们梳理城市模型的发展脉络。

1) 城市生态学方法

城市生态学方法源于美国芝加哥学派,该学派认为人的行为由生态规则决定。《美国百科全书》(*Encyclopeclia Americana*)对生态学的定义为:生物学的一个分支学科,研究植物和动物在自然界的存在状态及其相互依存关系,以及每个物种同其特定环境的联系。该学派尤其注重研究区位,包括在时间和空间两个概念上,对于人类组结方式和人类行为活动的影响。人类自身形成这种空间上的联系形式是竞争和选择的结果(图 2-1)。随着空间形式的变化,社会关系的物质基础也会改变,因而产生各类社会问题和政治问题①。用人类生态学分析城市结构时,伯吉斯提出了备受争议的同心圆理论。帕克(R. E. Parker)认为生物学原理适用于城市结构分析,共生和竞争决定了城市的基本框架,可以用5个生态学概念来描述变动过程:

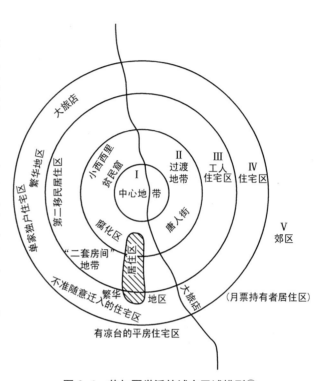

图 2-1 芝加哥学派的城市区域模型②

① 集中:指相同职能的机构向城市中枢区域集中。

② 分散:指人口和机构从中心区向城市外围迁移。

③ 隔离:指由于竞争的结果,相同收入、种族和宗教的人口聚集在一个特定的区域,社会有各个不同的区域组成。

④ 侵入和接替:指一个群体离开他原来的居住地进入另一个群体的领域,即为侵入;一个群体取代另一群体对区域统治,即为接替。

城市生态学方法的主要问题是伯吉斯关于城市同心圆分布的5环模式过于简单,很难适用于中小城市,特别是新兴城市的发展。

2) 社会物理方法

社会物理方法探讨空间中人的交互,来源于牛顿的万有引力定理。运用物理学中的重力原理推论人类社会的区域交互。该方法认为人类的迁移活动(例如居住地和工作地的迁移)与居住地和工作地之间的距离相关联(即距离反比关系)。重力模型为社会物理方法的典型模型。

重力模型用于城市交通需求分析之中,主要用于对居民出行分布进行预测。数学表达式如下:

牛顿物理学逆平方定律:
$$F_{12} = G \frac{m_1 m_2}{d_{12}^2}$$

---

①② 帕克 R E,伯吉斯 E N,麦肯齐 R D. 城市社会学[M]. 宋俊岭,吴建华,王登斌,译. 北京:华夏出版社,1987:64

地理学定律：$T_{ij} = K\dfrac{O_i D_j}{C_{ij}^n} = KO_i D_j C_{ij}^{-n}$，平方被参数 n 所取代。

其中，K 为调整系数，O 代表起点交通出行量，D 代表终点交通出行量，C 为交通抗阻函数。

威尔逊根据社会物理方法提出了熵最大化方法，隶属于空间相互作用模型。他认为用模型来处理复杂的重要意义是由模型中所反映的高度相互依存引起的[①]。模型局限性表现在对人类行为的描述仍然是聚类行为，是整体行为特征而不是个体行为特征，对牛顿物理学的推论前提也受到争议。

3）新古典主义方法

新古典主义方法源于城市经济理论。杜能模型被认为是最早的该方法模型。新古典主义方法认为城市发展是一种经济现象，由市场机制来调控，城市经济活动与社会组织之间的竞争驱动了城市的发展。均衡系统中市场的供需关系遵循着效用最大化原则。新古典主义方法即经济均衡方法，劳里模型（Lowry Model）为代表性模型。

劳里模型假设服务部门的区位和就业水平受当地居民可达性的影响。城市就业分为基本就业（工业就业）和非基本就业（服务就业）。工业用地区位与居住用地以及服务用地区位没有关联，而服务用地则根据居住人口进行分布。模型除了讨论人口与服务就业的关系，也对各自区域内的活动进行了定义，并通过计算潜力对人口的分布进行了预测。模型运行流程图如图 2-2 所示。

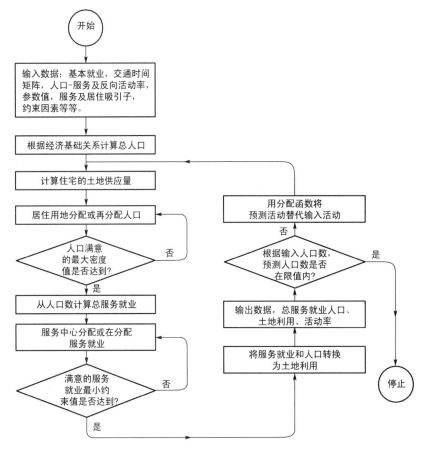

图 2-2　劳里模型流程图[②]

---

① ［英］威尔逊 A G. 地理学与环境——系统分析方法［M］. 蔡运龙，译. 北京：商务印书馆，1997：87
② 作者根据 Batty M. Urban Modelling［M］. Cambridge：Cambridge University Press, 1976：77 绘制

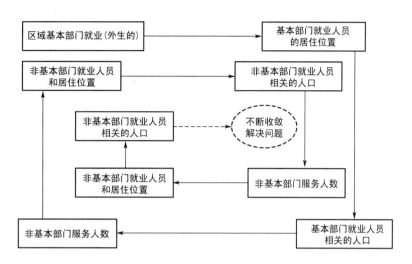

图 2-3 劳里模型图解

20 世纪 60 年代末期,静态均衡理论为代表的新古典主义方法以及模型的假设遭到抨击。后期的模型发展融入了多城市中心、多种城市交通模式和外部作用等等内容。模型的主要问题是忽略了人的行为在城市空间发展中的作用。

4)行为方法

行为方法是针对新古典主义方法忽略了人的行为研究而产生的。不同于实证主义者将人的行为仅仅看作效用的最大化,行为方法更加关注于个体行为背后的动机,个体对城市环境的学习和决策过程[1]。

5)系统方法

系统方法在 20 世纪 60 年代应用于城市建模,思想来源于贝塔朗菲(L. V. Bertalanffy)的一般系统理论。该理论认为系统是若干事物的集合,系统反映了客观事物的整体性,但又不简单地等同于整体。系统是要素的有机的集合。系统的有机关联不是静态的而是动态的,系统的动态性包含两方面的意思:其一是系统内部的结构状况是随时间而变化的;其二是系统必定与外部环境存在着物质、能量和信息的交换。系统的结构、层次及其动态的方向性都表明系统具有有序性的特征。系统的有序性是有一定方向的,即一个系统的发展方向不仅取决于偶然的实际状态,还取决于它自身所具有的、必然的方向性,这就是系统的目的性。

威尔逊认为城市极富系统行为,可以作为永久的甚至是变化着的广阔实验室。正是因为城市的复杂系统行为,城市政府为优化安排资源以达到各方面的社会目的制定各种公共政策手段。这些政策手段之间的联系既表现出高度的相互依存,又表现出高度的"网络"效应(如图 2-4),它们使对一定政策的准确影响的追索变得十分困难。这又相应使规划任务十分困难[3]。

系统的理论与分析方法保证了地理学可以建构在一个比较坚实的理论和科学基础之上,从而提高地理学作为一门研究科学的地位。城市规划也是如此,传统上它也被表述为一门艺术。正如简·雅格布斯(J. Jacobs)这样一些作者对规划提出的尖锐批评,指责规划实践缺少一个坚实的理论基础。系统理论自称是"科学的",就像它帮助了地理学那样,如今城市规划也希望它发挥同样

---

① Liu Yan. Modelling Urban Development with Geographical Information System and Cellular Automata[M]. Boca Raton: CRC Press,2009:28

②③ 威尔逊 A G. 地理学与环境——系统分析方法[M]. 蔡运龙,译. 北京:商务印书馆,1997:21

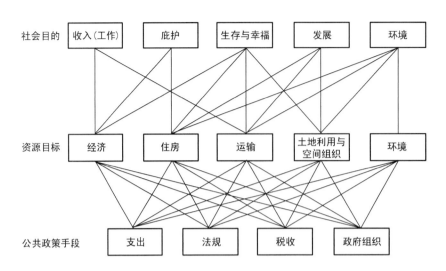

图 2-4　政策手段、资源目标和社会目标之间的联系[2]

的作用[1]。

2.2.2　抽象化的选择

抽象化是建造模型的起点[2]。对城市空间系统进行抽象化的首要问题是选择静态均衡还是动态变化。若将城市系统的土地利用与交通设施状态在一段时期内视为相对静止的状态,则为静态均衡抽象方法。若将城市系统的土地利用及其相互影响要素状态视为不断变化与转换的状态,则为动态变化抽象方法。静态与动态的分类问题是抽象化模型面临的首要选择。

抽象化模型面临的第二个问题是时间问题,涉及聚集与尺度的问题。越精细的空间尺度经历的时间周期越短。空间尺度越大,其元素聚集活动行为越趋近于同质,即缺乏异质性。因此,模型反映元素异质性的程度取决于空间尺度以及模型简化过程中的平衡处理方法。

抽象化模型面临的第三个问题是对城市结构关键元素的表达,涉及元素的定义与分类。尺度面积大小以及构型的定义一方面直接关系到城市元素的表达,另一方面也反映出前面提及的两个问题,即异质性与动态性问题。模型聚集程度越高,模型越简单。早期静态模型基本上是聚集程度较高的模型,而近期出现的基于智能体的模型对城市空间的表达就更加离散,更加具有异质性。

2.2.3　数学模型

数学模型是早期各种类城市模型的建模基础。早期城市模型包括城市经济基础模型、社会物理模型(空间相互作用模型),基于微观经济学的租金和人口密度模型,反映间断的城市系统变化的动态模型等等。近期城市模型研究重点转向自下而上的动态建模方式,以反映城市系统发展过程中的非线性、远离平衡态的动态发展过程。

以元胞自动机城市模型为例,系统被划分为多个规则形格网,每个单元格反映单个地块土地利用的个体信息。单元格根据邻域的状态改变自身的状态,其变化发展过程类似于现代城市土地利用变化中不断动态变化的过程,也反映出由于邻域状态改变所带来的单个土地利用地块决策机制的变化。用数学公式表达为:

---

① ［英］尼格尔·泰勒.1945 年后西方城市规划理论的流变[M].李白玉,陈贞,译.北京:中国建筑工业出版社,2006:63

② ［美］约翰斯顿 R J.人文地理学词典[M].柴彦威,等,译;柴彦威,唐晓峰,校.商务印书馆,2005:1

$$\text{If } C_j = empty, \ \& \text{ if } N_j^l = \# C_k^l, \nu k \in \Omega_j, j \neq k$$

$$\text{Then } C_j^l = developed \text{ as } l$$

其中,C_j代表方位为j的单元格,该单元格转化为土地利用种类l的决策过程。Ω_j为方位为j的单元格的一个邻域,N_j^l代表邻域中土地利用种类为l的数量。

图2-5为生命游戏的邻域规则。

2.3 城市建模的检验与校正

城市建模除了通过数学方式定义之外,还面临着一个校正与检验的过程,也就是证明"模型假设"与"现实"之间的关系。模型只有经过充分的检验与校正,才能将其应用于对未来的预测和模拟。因此,模型的检验和校正是建模的重要环节。模型的检验包含3个基本概念[1]。第一个概念是"验证"(Verification),这个过程是建模人员考察

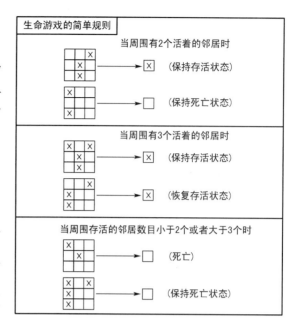

图2-5　康威生命游戏模型邻域规则

实现的模型是否与模型的设计目标相吻合,主要检查模型的逻辑结构是否合理。第二个概念是"检验"(Validation),这个过程是建模人员考察实现的模型是否与现实目标相吻合,主要通过拟合模型输出数据与现实数据的方式。第三个概念是"校正"(Calibration),这个过程是建模人员在检验的过程中通过对参数的调整使执行的模型更加接近现实。在这3个概念中,检验是最为关键的概念,代表模型与现实的吻合程度。在某种程度上,模型与现实的吻合程度具有很大的灵活性和弹性。大部分城市模型仅能够证明数据在某空间尺度上与现实的吻合程度,而无法做到在所有空间尺度上的吻合。

模型的检验和校正暗示着模型对现实的表达程度,但不应以二分法原则来阐述模型的有效性(例如,"有效"或"无效","对"或"错"),一个模型可以包含有限程度的有效性或是部分忠于现实。周成虎等对GeoCA-Urban模型的模拟结果讨论中提出好模型既不必要也不充分忠实地反映它所表示现象的各个方面,一个模拟系统的真实性是由过程的真实性,而非数据真实性所衡量的[2]。巴蒂等认为基于智能体建模的检验问题是与模型结构相关联的,传统模型中独立变量和非独立变量是关联的,而基于智能体建模为了表达元素的异质性包含了多个并非关联的变量和属性。这种新的模型结构很难通过数据检验,因为变量属性太过丰富,而检验的工具太少[3]。但无论如何争议,有一点是可以确认的,有效的模型一定可以降低未来的不确定性,也就是说,在建模之前对未来的了解是未知状态的话,建模之后至少是有限的不确定性。

① North M J, Macal C M. Managing Business Complexity: Discovering Strategic Solutions with Agent-Based Modeling and Simulation[M]. New York: Oxford University Press, 2007:30-31

② 周成虎,孙战利,谢一春. 地理元胞自动机研究[M]. 北京:科学出版社,1999:161-162

③ Batty M, Torrens P M. Modelling and Prediction in a Complex World[J]. Futures, 2005,37(7):745-766

2.4 城市模型的应用与实践

城市模型应用主要分为3类：

1）第一类为土地利用交通模型

此类模型源于经济学和空间交互的聚集静态模型，理论思想源于区域经济学、区位理论和代表空间均衡的新城市经济学。模型整合了4个阶段的交通建模，分别是交通生成、分布、分离与分配。模型建立在效用最大化原理上，采用离散选择方法建立。此类模型正在逐渐向动态变化转化，并且正在从聚集模型向离散模型转变。Urbansim为此类模型的代表。

2）第二类为城市动态模型

早期福雷斯特(J. W. Forrester)尝试通过耦合非线性、阈值效果和随机干扰的方法对城市非线性增长与变化进行理论研究。艾伦模型首先显示在微观层面上通过非线性结构的随机干扰可以产生分叉。艾伦模型的主要目的是为规划者与政策的制定者提供一种帮助他们理解产生复杂的空间结构的动力学机制，如图2-6所示。动态模型的主要问题是个体活动行为仍然是宏观聚类行为，无法反映独立个体微观社会决策和行为。

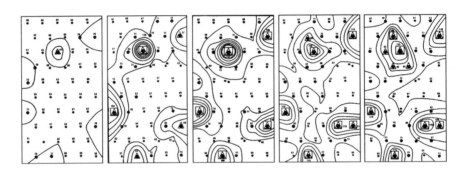

图2-6　艾伦模型中"城市化"的计算机演化结果[①]
(图中点上的数字代表人口数，自左向右描绘出城市中心的形成→城市中心的聚集→城市的延伸→建立卫星城→多中心产生的过程。)

3）第三类为元胞自动机，基于多智能体模型

元胞自动机是一种时间、空间、状态都离散，空间相互作用和时间关系都为局部的网络动力学模型，具有模拟复杂系统时空演化过程的能力。由于其自下而上的研究思想非常符合复杂系统局部个体行为形成整体结构模式的理念，因此得以在近几十年迅速发展，尤其在城市模型中发展尤为明显。其中的原因是人们认识到城市作为动态复杂系统，具备开放性、动态性、自组织性、远离平衡态等结构特征，需要针对复杂系统的数学模型，元胞自动机模型作为复杂系统模型的代表自然成为研究的前沿和重点。同时，地理信息系统虽然能够解决传统模型中的空间分析问题，但对时空动态变化却无法模拟，地理信息系统与元胞自动机模型的结合也成为城市模型研究的发展趋势。

基于多智能体模型与元胞自动机模型相比，更加强调个体的行为与主观决策性（包括自治性、社会性、自适应性和智能性等等特征），尤其受到社会学科的青睐。目前大部分的多智能体模型应用集中在小尺度空间个体行为模拟，而非规划政策或决策方面。目前很多大型城市模型也逐渐融合了多智能体的概念和模式，例如TRANSIMS模型来源于多智能体思想，将交通工具设置为智能

[①]　普里戈金,斯唐热. 从混沌到有序——人与自然的新对话[M]. 曾庆宏,沈小峰,译. 上海:上海译文出版社,1987:242

体,研究城市活动及活动行为。URBANSIM 模型也综合了多智能体的概念。

元胞自动机模型的主要问题是过于强调空间邻域的局部作用,而忽视了国家政策、经济学等宏观要素对空间结构的引导作用。因此,很多地理元胞自动机模型放宽了传统元胞自动机的很多约束与限制,引入宏观经济及政策要素,并将其应用于城市建模。

2.5 城市模型的新发展——自下而上思想为代表的地理模拟

2.5.1 地理计算

地理信息系统是地理学的革命,使地理学由定性的描述转向定量的观测与分析。地理信息系统可应用于城市规划设计的各个阶段,例如场地设计与分析、复杂地形的选址、城市网络及服务区设施服务范围分析、地形的视域视线分析等等。地理信息系统善于描述和处理静态的空间信息。随着地理学的发展,对地理空间系统的研究已不再局限于简单和静态的描述,而开始侧重于复杂地理空间系统的动态演化过程。但地理信息系统对过程分析的能力较弱,难以用其揭示出复杂地理空间系统的演化规律。原因是动态的空间演化是通过迭代过程实现的,而地理信息系统不是为迭代过程设计的。

欧本肖 1994 年提出了地理计算的概念,提出地理计算是"基于高性能计算以解决目前不可解甚至未知问题的方法"。1998 年,在"Geocomputation 98"的会议公告中,地理计算进一步被定义为"地理计算学代表了计算机科学、地理学、地信学、信息科学、数学和统计学的聚合和趋同"。地理计算的内涵可定义为对地理学时间与空间问题所进行的基于计算机的定量化分析[①]。迪亚(L. Diappi)认为地理计算包括人的推理方法,尝试利用人们在决策过程中对不完全性、不确定性和模糊性的容忍程度[②]。由于地理计算的上述内容,新的理论方法与模型,如神经网络模型、遗传算法模型、细胞自动机模型、多智能体模型、演化计算、专家系统、概率推理等逐步形成了地理计算的理论和方法体系。地理计算特别关注这些方法论的结合,并将由 GIS 发展和构成的空间维度引入软计算技术之中。

与城市问题相关的地理计算是利用土地覆盖的遥感数据推断土地利用情况,更好地了解土地利用变化的动力学。城市形态的研究集中于土地利用演变、人口、经济、社会学因素对城市形态扩展的空间-时间动力学机制。

2.5.2 地理模拟

基于智能体建模包含一些特定类型的元胞自动机模型,因此具有更加广泛的主题,这一类技术统称为地理模拟,用于描述现代微观模拟工具在地理空间问题中的应用。

地理模拟是地理空间建模的一个积极领域,广义上也可以作为地理计算的新的研究方向和方法。在城市规划中,我们期望了解城市系统发展的现象、规律,检验城市规划的理论,对城市的未来发展做出预测,在此基础上获得科学的城市控制与管理政策。因此,需要将城市系统适当抽象为城市模型,通过计算机技术进行微观空间实体之间的自下而上的虚拟模拟实验,进而了解城市格局的形成与演变过程(如图 2-7)。

① 刘妙龙,李乔,罗敏. 地理计算——数量地理学的新发展[J]. 地理科学进展,2000,15(6):679-683
② Diappi L. 演进的城市——国土规划中的地理计算[M]. 唐恢一,译. 上海:上海交通大学出版社,2008:2

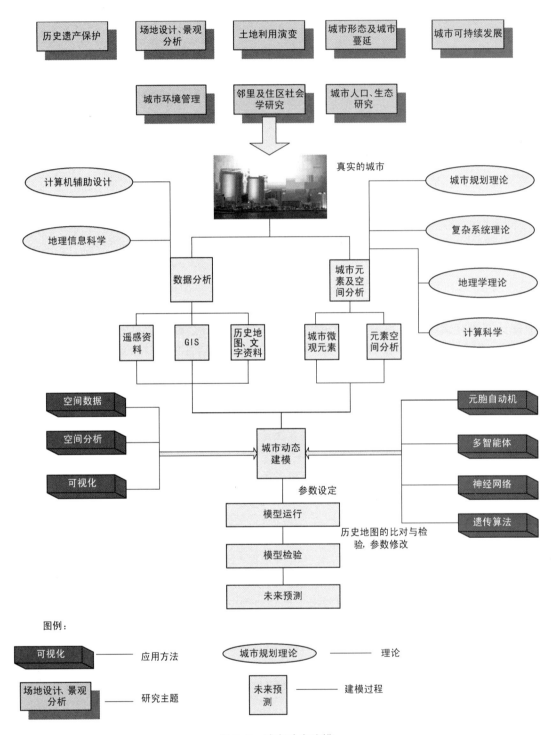

图 2-7　城市动态建模

2.6　城市模型的局限性、问题与发展

2.6.1　城市模型的理论局限性

纵观城市模型的理论方法,城市模型的理论局限性是比较明显的。例如,城市生态方法是基于人的行为是遵循生态原则这样的思想,社会物理方法则是借用了物理学的理论和原理,新古典主义方法则是运用经济学中的效用最大化原理来解释和阐述个体行为的决策和动机。每种方法其实都只是强调城市发展的一个或两个方面,因此,城市模型的有效性和可应用程度仍然值得探讨和检验。并且,传统的城市模型产生的时代背景是工业化城市,而当时的工业化城市很多已转化为信息化城市,时代的转变有可能使模型的研究基础产生变化①。另外,传统城市模型更多关注于模型的技术结构,忽视对城市理论的研究也是模型的主要问题之一。

最近20年,出现的复杂科学思想将元胞自动机模型和多智能体模型引入城市研究,然而其理论及实践可行性仍处于探讨中。以基于智能体建模为例,计算问题表现在很多人关注于全局结构的形成,而忽略了局部智能体间的行为和作用。从本质上看,基于智能体建模关键在于描述智能体行为,而智能体行为通过多重迭代计算获得,这样的计算是并行的。随着智能体数量的增多,参数和属性的增加,必然要消耗计算机大量的内存和资源,同时对智能体视觉化的要求更增加了计算机的负荷。虽然计算机的计算能力在不断增强,但对于基于智能体建模而言,计算机的计算能力仍会构成计算瓶颈。理论问题表现在描述异质对象。困难不在于计算机的计算能力,而在于建模的人对异质对象的理解是有限的。在城市模型中,智能体代表的是人的决策,人作为异质对象表现出潜在的无理性行为、主观行为、复杂心理等特质,这种特质只能判断,既无法量化也无法校验。因此,在面对这样的问题时,普遍的处理方法是对模拟结果的正确、谨慎对待②。可以将模拟目标设定为定性而非定量的目标,应充分考虑到模型由于输入数据等变化导致模拟结果量化指标的变化。

2.6.2　城市模型的发展

克服模型局限性的方法是通过各种方式正确地解释模型的输出,也就是强调模型的验证与检验的过程。测试模型对尺度、数据、时间等的敏感性问题,通过不同的模型输入参数检验模型的输出参数,并与现实数据进行对照和比较。很多模型是在发达国家建立的,因此较适用于发达国家,并不适用于发展中国家或是社会主义国家。因此,需要通过总结发达国家与发展中国家之间的城市发展差异,构建适用于特定城市发展区域的城市模型。另外,与GIS的结合也是城市模型发展的主要趋势,古德柴尔德(Michael F. Goodchild)提出地理信息科学的概念。基于地理信息科学的城市建模将能探索出新的时空维度,通过整体研究方法建立当代信息化城市模型。

---

① Sui D Z. GIS-Based Urban Modelling: Practice, Problems and Prospects[J]. International Journal of Geographical Information Science, 1998,12(7):651-671

② Bonabeau E. Agent-Based Modeling: Methods and Techniques for Simulating Human Systems[C]. Proceedings of the National Academy of Sciences of the United States of America, 2002, 99(supplement 3): 7280-7287

3 城市元胞自动机原理和应用

元胞自动机和多智能体属于人工生命研究领域的亚领域。人工生命的研究始于20世纪40年代。研究人员试图在电脑上创造一些仿真生物体,这些生物体的行为不是通过编程实现的,而是通过简单机制在复杂的相互作用中产生的。兰顿将人工生命定义为"能够展示自然生命系统特征的人造系统"。除元胞自动机和多智能体之外,人工生命研究还包括进化算法、遗传算法、蚁群算法、神经网络、群体智慧等亚领域。

3.1 城市元胞自动机原理

元胞自动机是人工生命的一种简单形式,形成于随机混沌理论环境中的自组织过程。它既是一种通用计算机,又是一种强大的动力学模型。不同于一般的动力学模型,元胞自动机不是由严格定义的物理方程或函数确定,而是用一系列模型构造的规则构成。凡是满足这些规则的模型都可以算作是元胞自动机模型。因此,元胞自动机是一类模型的总称,是一个方法框架。其特点是时间、空间、状态都离散,每个变量只取有限多个状态,且状态改变的规则在时间和空间上都是局部的。

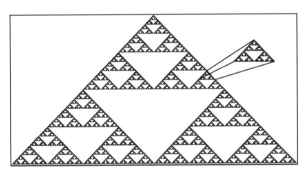 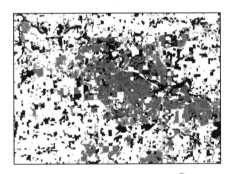

一维元胞自动机构型显示的分形和自相似结构①　　　　美国安娜堡1990年城市形态②

图3-1　标准元胞自动机(左图)与城市元胞自动机(右图)

将标准的元胞自动机应用于城市模拟中时,需要将限制条件适当地放宽(图3-1)。例如,通过在标准元胞自动机模型中引入距离变量,可以模拟随距离增大,作用力逐渐衰减的城市引力现象;通过引入随机变量改变城市用地转换概率,模拟由于城市发展过程中的不确定性产生的随机城市空间形态③;等等。

3.1.1 城市元胞自动机模型研究的历史背景

复杂性科学不仅从科学技术上指明了21世纪的发展方向,而且给我们提供了一种崭新的世

---

① Wolfram S. A New Kind of Science[M]. Champaign:Wolfram Media, Inc. ,2002:26
② 周成虎,孙战利,谢一春. 地理元胞自动机研究[M].北京:科学出版社,1999,彩页。
③ Batty M. Cities and Complexity[M]. Cambridge:MIT Press,2004:91

界观。完美的、均衡的世界不存在了,取而代之的是复杂性增长和混沌边缘的繁荣。自上而下的分解分析方法曾经在几千年的科学发展中发挥了威力,然而复杂性科学却提出了一种自下而上的自然涌现方法。面对庞大的非线性系统,简单的数学推导不能胜任,复杂性科学开始运用计算机模拟来分析科学对象。

在这样的社会科学背景之下,城市作为复杂巨系统的特征开始逐渐被人们认知。周干峙总结了有关城市作为复杂系统所表现出的 8 条特征。这些特征包括城市系统结构具有相互紧密联系的层次和系列;系统的作用大于系统各部分的简单总和;上一层次的大系统决定性地影响了下一层次的小系统;系统有边界并总是和更大的系统、旁系统进行种种交换;系统的非匀质性和相互作用;系统的自组织和自适应性;系统的复杂性等[①]。吴良镛提出对复杂体系中设计理念的探索[②]。

空间系统的复杂性决定了空间系统的研究应采用复杂系统的研究方法。这种方法需要在复杂性科学的理论框架之下,应用非线性理论和方法描述、分析、模拟和预测城市空间复杂的动态行为。元胞自动机和多智能体技术以自下而上为研究思路的计算机模型成为大尺度城市建模的新方法和研究潮流。

3.1.2 城市元胞自动机的主要元素

1) 元胞

元胞又称为单元,是元胞自动机最基本的组成部分,通常分布在离散的一维、二维或多维欧几里得空间的晶格点上。将元胞自动机模型应用于地理模拟时,元胞可以被赋予特定的含义。例如一个元胞代表一个人或车,或智能体,此时的元胞自动机模型接近于多智能体模型;若元胞代表了城市空间演化过程中的地块或各类城市用地,此时的元胞自动机模型接近于地理元胞自动机模型。

2) 元胞空间

元胞空间指元胞所分布的空间网点集合。元胞空间的分布往往是规则的。理论上,元胞空间可以是任意维数的欧几里得空间规则划分,较为常见的二维元胞空间通常有三角、四方或六边形 3 种网格排列[③]。

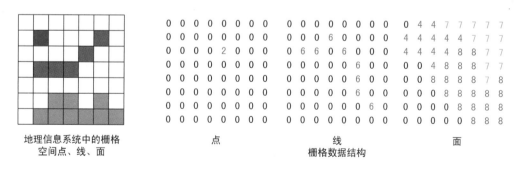

图 3-2　地理信息系统及 SLEUTH 模型采用的规则元胞空间及结构

当元胞自动机模型应用到城市空间发展的模拟研究时,元胞空间的分布根据模型的需要可以是规则格网,也可以是非规则网格。例如,SLEUTH 模型采用的是规则四方网格,如图 3-2 所示,

①　周干峙. 城市及其区域——一个典型的开放的复杂巨系统[J]. 城市规划,2002,26(2):7-9
②　吴良镛. 人居环境科学导论[M]. 北京:中国建筑工业出版社,2011:141
③　李才伟. 元胞自动机及复杂系统的时空演化模拟[D]. 武汉:华中理工大学,1997

而在 AgentAnalyst 模型中,采用不规则地块的形状(多边形)为元胞空间或智能体空间,如图 3-3 所示。元胞自动机模型与 GIS 耦合利用了栅格数据结构与规则元胞空间结构相似的特点,模拟城市土地利用的演化过程,并获取空间特征变化的数据。

图 3-3　AgentAnalyst 中的不规则多边形元胞单元地块①

元胞空间既代表着图形分辨率,也代表了土地变迁的基本单元。在城市建模中,元胞空间尺度的设定关系到模型校准、模拟精度等各方面。在本书后期的案例中将详细讨论有关元胞空间尺度的敏感性问题。

3) 状态

状态可以是 $\{0,1\}$ 的二进制形式,或是 $\{s_0,s_1,s_2,\ldots,s_k\}$ 整数形式的离散集。传统元胞自动机的元胞只能有一个变量,但在实际应用中,往往将其进行扩展,每个元胞可以有多个状态变量。

将元胞自动机应用于城市模拟时,城市元胞往往只有两个状态:城市用地和非城市用地,或是开发用地和未开发用地。但元胞状态除了表达城市用地状态以外,也可用于表达任何空间动态模型反映出的空间分布变量。例如,吴缚龙提出元胞状态可用于表达人口密度水平,转换规则的设定可以使元胞状态反映出人口计数的变化。在波图盖里等的元胞自动机模型中,元胞状态反映的是种族和社会经济状态、人口属性以及其他组织的属性信息②。周成虎认为由于地理实体往往具有多种状态,并且状态之间是相互关联、相互影响和联动变化的,因此地理模拟中元胞的状态也应该是多元变量(图 3-4)。在元胞状态多元化的扩展基础上,借助于智能体的概念,利用面向对象的

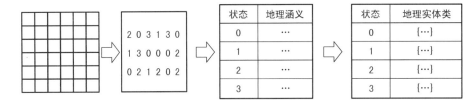

图 3-4　城市元胞自动机中的元胞及其状态扩展③

①　Johnston K M. AgentAnalyst — Agent-Based Modeling in ArcGIS[M]. New York：Esri Press，2013.

②　Portugali J. Self-Organization and the City [M]. Berlin：Springer，1999

③　周成虎,孙战利,谢一春. 地理元胞自动机研究[M].北京:科学出版社,1999

分析方法,将元胞及其状态封装,进一步扩展为具有"智能体"的地理实体[①]。黎夏等设计用"灰度"或"模糊集"来表示元胞的状态,通过这种方法表达土地利用的转变是一个渐进的过程[②]。

4）邻域

邻域对于不同维数的元胞自动机会不同。在一维元胞自动机中,通常以半径 r 来确定邻域。距离一个元胞半径 r 内的所有元胞均被认为是该元胞的邻域。同样,将元胞自动机应用于地理模拟时,邻域的定义会根据地理实体之间相互作用的复杂性表现出更大的灵活性。例如,怀特认为传统元胞自动机可能适用于某些物质系统,但决不适用于人文系统,因为人类对周围环境空间的辨识力范围应该更广。在城市元胞自动机模型中,他将邻域半径扩大到 8 个元胞半径。在 GeoCA软件中,用户可以根据不同的地理实体类而定义不同的邻域类型,邻域形式或邻域半径也可以不同。黎夏通过模拟结果表明摩尔邻域会导致城市呈现指数增长,这种模式与城市增长模式不相符,纽曼邻域能减少增长率。但这两种邻域都是矩形的形态,会在城市模拟中产生边界影响,因此,圆形邻域比矩形邻域更好[④],如图 3-5 所示。

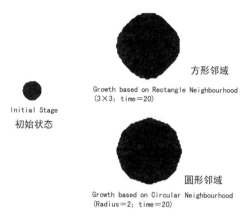

Initial Stage
初始状态

方形邻域
Growth based on Rectangle Neighbourhood
(3×3; time=20)

圆形邻域
Growth based on Circular Neighbourhood
(Radius=2; time=20)

图 3-5　方形邻域与圆形邻域在城市
增长中的对比[③]

巴蒂认为严格意义的元胞自动机模型邻域不可随意定义。应用于地理模拟中的元胞自动机模型邻域的定义可以考虑邻域随距离而变化的作用力,称为元胞空间(Cell - space)模型[⑤]。

5）时间

元胞自动机是一个动态系统,它在时间维上的变化是离散的,即时间 f 是一个整数值,而且连续等间距。假设时间间距 $dt=1$,若 $t=0$ 为初始时刻,那么 $t=1$ 为其下一时刻。

元胞自动机模型中的时间是迭代计算时间,是一个抽象的时间概念,与真实世界中的时间并没有关联。但将元胞自动机模型应用于地理或城市模拟中时,却常常要面对时间度量的问题。同时,元胞空间所代表的空间分辨率也会影响到时间的度量。目前常用的做法是通过历史地图或历史数据信息构建模型,通过模拟的结果与历史地图对照产生的对应关系来确定模型迭代时间与真实时间之间的大致关系,并依据这样的关系推理若干年后的城市发展状态。怀特认为城市元胞模型应是一个综合模型,也就是说是多个模型通过链接,合并在一起运行,时间步的设定应该考虑适应整个综合模型。从实际需要出发,可能会是一个嵌套的时间尺度结构,快节奏的时间尺度可能是慢节奏时间尺度的整数倍[⑥]。黎夏在城市元胞自动机不确定性研究中提出,不同的时间步数会产生不同的土地利用变化模拟结果,太少的时间步使得模拟过程中的空间细节无法涌现,增加时间步数有助于产生更加精确的模拟结果[⑦]。

①　周成虎,孙战利,谢一春.地理元胞自动机研究[M].北京:科学出版社,1999:60
②　黎夏,叶嘉安.地理模拟系统:元胞自动机与多智能体[M].北京:科学出版社,2007:43-45
③　Li X, Yeh A G O. Modelling Sustainable Urban Development by the Integration of Constrained Cellular Automata and GIS[J]. International Journal of Geographical Information Science, 2000, 14(2):131-152
④　黎夏,叶嘉安.地理模拟系统:元胞自动机与多智能体[M].北京:科学出版社,2007:209
⑤　Batty M. Cities and Complexity[M]. Cambridge:MIT Press, 2004:73
⑥　White R, Engelen G. High-Resolution Integrated Modelling of the Spatial Dynamics of Urban and Regional Systems[J]. Computer, Environment and Urban System, 2000,24(5):383-400
⑦　黎夏,叶嘉安.地理模拟系统:元胞自动机与多智能体[M].北京:科学出版社,2007:209

6）转换规则

转换规则是元胞自动机的核心部分,因为它决定了整个动态变化的过程。将元胞自动机应用于城市模拟中时,首先需要分析局部规则导致全局结构变化因素,目标是模拟尽可能接近模拟对象的发展变化规律。根据空间系统的演化规律,其演化过程分为确定性和非确定性两种。元胞状态和邻域构形确定的情况下,元胞的状态变化若是确定的,则为确定型元胞自动机,例如生命游戏所定义的生与死的规则;如果元胞的状态变化不是确定的,则为随机型元胞自动机,此时元胞的状态变化既要受到邻域的影响,同时还有可能受到一定概率的作用和控制。确定型元胞自动机转换规则增加一个干扰因素,也可改变图形的生成。

在城市发展用地的演化过程中,城市用地的发展不仅要受到周边环境的作用,还有可能受到开发商相互间利益竞争等个性化因素的影响,在城市空间发展中城市用地变化表现为一定的随机性。因此,在将元胞自动机应用于城市模拟时往往采用随机型元胞自动机,用概率表达空间发展的复杂性和随机性。黎夏总结了元胞自动机转化规则获取的一般方法(涉及多准则判断、逻辑思蒂回归、主成分分析、神经网络等等方法),并介绍了一些转化规则获取的智能式方法,这些方法包括数据挖掘、遗传算法、Fisher判别、非线性核学习机、支持向量机、粗集、案例推理等等[1]。

上述几个方面为元胞自动机的基本元素,标准的元胞自动机是个简单的模型,但却经典地反映出复杂系统表现出来的局部简单规则导致整体复杂图形的特征。将传统的元胞自动机应用到城市系统的模拟中时,需要对元胞自动机的各元素进行扩展,并对抽象的元胞晶格赋予城市空间尺度的概念,此时的建模和数据校准都会变得复杂。

3.1.3　城市元胞自动机的研究方向与应用分类

从上世纪90年代中期开始,由于对是否修改传统元胞自动机的邻域范围和转换规则存在争议,研究方向主要分裂为两派。一派坚持标准元胞自动机的模型规则,思想方法传承了谢林模型。例如,波图盖里、本纳森重点研究土地利用的动态性与社会-经济和种族组织形成之间的关系。而另一派则对标准元胞自动机的模型进行了设计和修改,包括邻域范围、转换规则、元胞状态、限定种子点以及与GIS的合成等等。

元胞自动机在城市中的应用主要分为两类,一类为假设性研究,另一类为实践性研究。假设性研究由早期考克林斯所倡导,即元胞自动机是概念组织框架,并非量化规划模型思想。实践性研究以克拉克为代表,包括吴缚龙、怀特、黎夏等研究为基础,以真实城市为模板,重点放在未城市化的元胞上,研究其在环境适合的条件下如何改变自身状态成为城市用地。城市用地的转换规则取决于真实环境下土地利用变化的规律,通常根据每隔若干年的城市发展现状图或遥感图像来进行模型的校正。

贝苏威(E. Besussi)将元胞自动机在城市模型中的应用分为3类[2]:

① 对特定的城市或区域的动态性建模,往往是子模。例如对城市交通、地租或污染等的建模。此类模型通常是数学城市模型,用处并不非常广泛,但却是可以操作的。

---

①　黎夏,叶嘉安. 地理模拟系统:元胞自动机与多智能体[M]. 北京:科学出版社,2007:50-88

②　Besussi E, Cecchini A, Rinaldi E. The Diffused City of the Italian North-East: Identification of Urban Dynamics Using Cellular Automata Urban Models[J]. Computers Environment and Urban Systems, 1998, 22(5):497-523

② 模型的建立来源于抽象的、理论的或方法论的视角,具有可能的应用范围探讨和框架体系。这类模型往往是定性的城市模型,应用范围广泛,但不可操作。

③ 此类模型以真实城市模型为基础,并与其他模型技术相结合,属于数学城市模型,应用范围广泛,并且是可以操作的。例如,克拉克的模型。

3.1.4 城市元胞自动机在城市应用研究中的历史和作用

早期的城市模型都是静态的、解析性模型,往往带有复杂的数学方程式和较多的参数。这些模型在模拟城市系统时具有一定局限性,无法表达出城市微观要素间复杂的动态性特征。通过定义网格结构和要素之间的关系形成复杂的空间格局的研究早在上世纪 60 年代就开始了。

1) 早期的元胞概念在城市模型中的探索

1965 年,哈格斯泰德运用蒙特卡洛方法模拟了城市的扩展①。该模型主要是根据人口历史数据,通过运用距离变量的引力作用来模拟城市人口的迁移,采用预先定义的简单规则来说明微观的个体行为如何形成宏观的空间格局。60 年代,查彬等在城市土地利用变化研究中采用了元胞自动机的思想,在其模型中用栅格代表居民地的组成,根据元胞之间的相邻关系和空间构成来设定相邻单元的吸引力指标,并根据这个吸引力指标来确定最有可能增长的元胞,即哪些土地将来最有可能发展成居民地②。托普勒首先提出用元胞空间模型模拟底特律区域的城市增长③。托普勒有关城市的增长是通过人口的分布和扩张表现出来的,实际是一个人口增长的动态分布模型。1974 年,托普勒转向将传统的元胞自动机应用于地理学的研究,提出将元胞自动机应用于地理模型中。他认为元胞单元的形式简单,元胞的下标类似于数学中的矩阵。这样,每个元胞相关联的地理数据就可以通过下标的方式储存④。

2) 中期城市元胞自动机的研究框架

受到托普勒研究的启发,考克林斯继续了有关元胞自动机在地理学和城市中的研究。她认为标准的元胞模型约束性过大无法应用于现实,并期望可以克服这些约束和限定构建更全面的元胞空间框架⑤。她的有关元胞自动机对地理现象模拟的理论框架,尤其是城市扩散方面的研究成为后来进行这方面研究的基础。但在上世纪 80 年代,计算机的硬件技术的发展相对滞后,无法满足快速并行计算的需要,因此,直到上世纪 90 年代,随着计算机硬件技术的迅速发展,同时分形、混沌等复杂思想理论开始普及以后,元胞自动机方法才真正成为空间分析和城市建模的重要方法。

3) 后期城市元胞自动机的应用

上世纪 90 年代前后,随着遥感技术进入新一代的发展阶段,新技术层出不穷,城市元胞自动机模型开始大量应用于真实城市理论、模拟和实践研究。克拉克用 SLEUTH 模型对美国旧金山

---

① Hagerstrand T. A Monte-Carlo Approach to Diffusion[J]. European Journal of Sociology, 1965, 6(1):433-467

② Chapin F S, Weiss S F. A Probabilistic Model for Residential Growth[J]. Transportation Research, 1968,2(4): 375-390

③④ Tobler W R. A Computer Movie Simulation Urban Growth in the Detroit Region[J]. Economic Geography, 1970, 46(2): 234-240

⑤ Couclelis H. Cellular Worlds: A Framework for Modeling Micro-Macro Dynamics[J]. Environment and Planning A, 1985,17(5):585-596

海湾地区建模①。怀特尝试用非线性城市动力学原理将元胞自动机应用于真实的美国城市系统中②。谢一春利用元胞自动机原理开发了城市发展动态模型,借助于地理信息系统和元胞自动机模型对布法罗的城市土地利用变化进行了模拟③。吴缚龙对广州进行了模拟④,叶嘉安和黎夏对珠江三角洲、东莞、广州和深圳等地进行了大区域城市演变模拟⑤,等等。

巴蒂发现在城市元胞模型应用的过程中,模型显示城市形态随时间变化,形态特征遵循了分形几何与城市密度理论⑥。

4)城市元胞自动机模型在城市研究中的作用

城市元胞自动机模型在城市研究中的作用主要表现在下述 3 个方面:

(1)为寻找城市空间发展规律,提供数据发掘的数据　数据挖掘是从数据库中发现知识的技术。它是针对知识获取的困难和不确定性而提出来的,可以自动地从海量数据中挖掘知识。黎夏提出利用数据挖掘技术可以从 GIS 数据库中生成模拟所需要的转换规则和参数,并将这些参数输入至城市元胞自动机进行城市模拟⑦。迪图(C. Dietzel)等将 SLEUTH 模型生成的城市信息数据输入到 Viscovery SOMine Plus(一种基于神经网络算法的数据挖掘技术,简称自组织地图)进行数据分析和数据挖掘,以获得更加精确的图形校准指数⑧。

(2)为城市理论研究提供模拟环境　考克林斯通过虚拟城市的模拟,得到局部规则形成复杂空间结构的结论,说明城市具有复杂系统的主要特征。巴蒂对标准元胞自动机增加干扰因子后测试城市随机增长形态和时间。怀特用虚拟城市研究城市的分形结构。谢一春提出的动态城市演变模型可探讨城市增长及多中心城市发展的动态演化模式。周成虎、孙战利等在动态城市演变模型基础上构建了城市动力学模型可以模拟假想中的城市产生与发展。

(3)为真实城市规划提供科学的依据　城市元胞自动机模型中设置不同的参数值可以模拟在不同城市规划情况下城市的发展形态和格局。克拉克在华盛顿、巴尔的摩的模拟案例中,运用 SLEUTH 模型研究发现城市空间的自组织作用是通过局部环境的变化而逐步增加空间的适应性。模拟产生了 2010 年的城市发展形态。

黎夏用主成分分析法列举了与城市空间发展相关的主成分因子,根据城市发展的需要,总结列举出 5 种不同的权重组合,逐个进行城市元胞自动机模拟⑨。这项功能主要分为两类,一类是对城市基准发展趋势进行模拟,看看城市根据现有的趋势发展下去会是什么结果,然后将无规划、无约束控制的模拟结果与有规划、有约束控制的模拟结果进行对比,从而为城市规划提供参考和依据⑩。另一类是以城市发展现状为基础,在规划约束的各类情况下,预测城市未来的发展形态。

① Clarke K C, Hoppen S, Gaydos L. A Self-Modifying Cellular Automaton Model of Historical Urbanization in the San Francisco Bay Area[J]. Environment and Planning B: Planning and Design, 1997, 24(2):247-261

② White R, Engelen G. Cellular Automata and Fractal Urban Form: A Cellular Modelling Approach to the Evolution of Urban Land-Use Patterns[J]. Environment and Planning A, 1993,25(8):1175-1199

③ Xie Y C. A Generalized Model for Cellular Urban Dynamics[J]. Geographical Analysis, 1997,28(4):350-373

④ Wu F, Webster C J. Simulation of Land Development Through the Integration of Cellular Automata and Multicriteria Evaluation[J]. Environment and Planning B, 1998, 25(1): 103-126

⑤ 黎夏,叶嘉安. 地理模拟系统:元胞自动机与多智能体[M]. 北京:科学出版社,2007:174-199

⑥ Batty M. Cities and Complexity[M]. Cambridge: MIT Press, 2004:30, 141

⑦ 黎夏,叶嘉安. 地理模拟系统:元胞自动机与多智能体[M]. 北京:科学出版社,2007:93

⑧ Dietzel C,Clarke K C. Toward Optimal Calibration of the SLEUTH Land Use Change Model[J]. Transactions in GIS, 2007, 11(1): 29-45

⑨ 黎夏,叶嘉安. 地理模拟系统:元胞自动机与多智能体[M]. 北京:科学出版社,2007: 63

⑩ 黎夏,叶嘉安. 地理模拟系统:元胞自动机与多智能体[M]. 北京:科学出版社,2007:183

综上所述,城市元胞自动机的作用和意义分为理论和实践两个方面,但在应用中两方面之间的界限并不清晰,有些应用甚至两方面都有所涉及。GeoCA－Urban 模型的一个研究案例是美国安娜堡城市空间增长模拟①,而在怀特的加勒比海岛气候变化导致的土地利用变化模拟中,就尝试建立有关建模、模拟和决策的理论模型框架,其图形用户界面允许用户使用各类系统工具进行城市增长模拟②。总之,作为一种自下而上的启发式的规划工具,城市元胞自动机为规划人员提供了理论探讨和实践模拟的双重技术工具。

3.2　城市元胞自动机模型与 GIS 的结合

3.2.1　城市元胞自动机的优势与缺陷

城市元胞自动机的优势是继承了标准元胞自动机的基本特征,即通过简单的局部规则形成复杂的宏观空间布局。这种形成过程是自下而上涌现出来的,而非传统城市规划中的自上而下的发展模式。城市元胞自动机研究方式体现了"复杂系统是由相互作用的子系统涌现出来"的基本思想,也更加接近于现实中城市的演变行为,是一种时空动态模型。

城市元胞自动机模型的缺陷是晶格空间仅仅是图形网格,并不包含任何地理和空间信息,无法进行空间数据获取、数据存储、数据分析等操作,在图形图像的可视化方面也无法与 GIS 相媲美。也就是说,虽然城市元胞自动机可以模拟复杂的时空动态变化行为,但却无法进行静态的空间信息数据分析和操作。

3.2.2　GIS 的优势与缺陷

GIS 为城市模拟提供了强大的空间数据处理平台,主流 GIS 软件系统都包含着很多获得、预处理和转换数据工具。它们在模型中的应用包括数据管理、格式转化、投影变化、再取样、光栅－矢量转换等等,同时还包括视觉化/贴图、渲染、查询和分析模型结果以及评价与输入和输出相关的准确性和不确定性等优秀工具。但对于处理动态模拟,尤其是对时间的处理和连续变量的表达,GIS 难以成为地理系统理想的建模平台③。GIS 在空间建模方面有一定的局限性,只能简单提供支持建模的计算环境。也就是说,GIS 可以满足静态空间格局分析的需要,但对于城市现象的时空动态性分析却无能为力。

3.2.3　GIS 与元胞自动机合成的构想与应用

由于 GIS 在空间数据的存储、管理、计算、分析等方面功能很强,而且元胞自动机中的规则元胞晶格与 GIS 中的栅格数据模型十分相似。因此可以利用 GIS 获取空间数据信息,并进行空间数据处理,用元胞自动机建立元胞之间的相互作用与规则,两者共同作用,构造城市增长元胞自动机模型。用元胞表示城市各种土地利用类型(微观尺度),结合城市的社会经济系统(宏观尺度),并将其在模型中表现成一定的规则。在 GIS 中进行分析与计算,能充分发挥 GIS 在空间数据存储与管理、空间分析、图形显示与可视化方面的优势。很多学者都将元胞自动机和 GIS 结合起来,进行城市

---

① 周成虎,孙战利,谢一春. 地理元胞自动机研究[M]. 北京:科学出版社,1999:123

② Engelen G, White R, Uljee I, et al. Using Cellular Automata for Integrated Modeling of Socio-Environmental Systems[J]. Environemntal Monitoring and Assessment,1995,34(2):203-214

③ Castle C J E, Crooks A T. Principles and Concepts of Agent-Based Modelling for Developing Geospatial Simulations[C]. Working Paper Series 110 of Centre for Advanced Spatial Analysis. London:University College London,2006

发展方面的模拟和预测研究。怀特等都先后利用元胞自动机和GIS结合进行约束性元胞自动机模型的研究[①]。周成虎、孙战利等构建的城市动力学模型不仅可以模拟假想中的城市产生与发展，还可以引入GIS空间数据库、遥感土地分类数据等实际数据，模拟和预测实际城市的发展和演化[②③]。

3.3　几种城市元胞自动机模型

3.3.1　SLEUTH 模型

SLEUTH是克拉克在美国地质勘探局和美国国家科学基金会资助下开发的一个城市增长元胞自动机模型[④⑤]。SLEUTH是6个数据层的首字母缩写。该项目是美国全球变化研究项目之人类土地利用转换子项目的一个部分，用于评估未来由于城市变化导致的生态与气候的影响。

SLEUTH以均质单元点阵空间为基础，每个均质单元点阵空间相邻4个单元格，每个单元格有两个属性（城市用地或非城市用地）。需要输入的4个图层为保护的土地、交通、坡度、土地利用。城市元胞状态的变化由相邻元胞状态决定，5个系数控制城市元胞自动机的行为，分别为扩散系数、繁衍系数、传播系数、坡度阻碍和道路引力。扩散系数控制着地理元胞城市化随机分布的分散性，繁衍系数决定了通过城市扩散成为新的城市增长中心的概率，传播系数控制着城市边缘地理元胞城市化的概率，坡度系数是控制地理元胞受地形影响的结果，道路引力系数控制沿交通线增长的城市元胞。所有的控制系数介于0～100之间。为了引入城市发展过程中自上而下的政府对城市用地的控制作用，模型在数据层中设置了排除图层，可以通过设置权重值控制区域用地的转化。

模型数据的输入要求8位灰度GIF图像，并具有同样的范围、同样的投影和分辨率。模型用C语言编程，程序设置了嵌套循环，内循环执行土地增长的"年"的时间周期，外循环执行累积的土地增长历史，记录积累的统计数据，用于模型最后的数据校正和检验。模型的参数具有自调节的特征[⑥]。

在华盛顿、巴尔的摩的案例中[⑦]，结果显示城市系统在不同的时间阶段有着不同的城市增长行为。城市空间的自组织作用是通过局部环境的变化而逐步增加空间的适应性。例如，地形坡度的影响在旧金山的案例研究中作用很明显，而在华盛顿/巴尔的摩的案例中很小。

3.3.2　Environment Explorer 模型

怀特等都先后利用元胞自动机和GIS结合进行约束性元胞自动机模型的研究[⑥]，代表模型为Environment Explorer（简称EE）。它是荷兰的一个将土地利用模型与人口、经济活动区域分布模

① White R，Engelen G. Cellular Automata as the Basis of Integrated Dynamic Regional Modelling[J]. Environment and Planning B：Planning and Design，1997，24(2)：235-246

② 孙战利. 空间复杂性与地理元胞自动机模拟研究[J]. 地理信息科学，1999，11(2)：32-37

③ 周成虎，孙战利，谢一春. 地理元胞自动机研究[M]. 北京：科学出版社，1999：82

④⑥ Clarke K C，Hoppen S，Gaydos L. A Self-Modifying Cellular Automaton Model of Historical Urbanization in the San Francisco Bay Area[J]. Environment and Planning B：Planning and Design，1997，24(2)：247-261

⑤⑦ Clarke K C，Gaydos L. Loose-Coupling a Cellular Automaton Model and GIS：Long-Term Urban Growth Prediction for San Francisco and Washington/Baltimore[J]. International Journal of Geographical Information Science，1998，12(7)：699-714

⑥ White R，Engelen G. Cellular Automata and Fractal Urban Form：A Cellular Modelling Approach to the Evolution of Urban Land-Use Patterns[J]. Environment and Planning A，1993，25(8)：1175-1199

型相结合的综合模型。在这个案例中,土地利用模型是元胞自动机模型,而人口与经济活动区域分布模型则是基于经济-人口区位的空间交互模型,模型涵盖了荷兰的整个区域,元胞自动机的分辨率为 500 m,而宏观尺度的模型则包括 40 个以城市为中心的经济区(图 3-6)。

模型提供一个工具用于探索与环境相联系的可选择规划政策的效果。这些政策包括对绿地、自然保护区、娱乐区域的可达性,对种群多样性的保护。国家政策对增长、开发和土地利用的思路对于环境的形成都是很重要的,模型目的是揭示国家政策在局部层面有可能产生的结果,既表现在土地利用方面,在模型输出中也显示出经济、社会和生态的数据。各种政策选项都可以通过这一方式得到检验,结果用于政府决策参考。

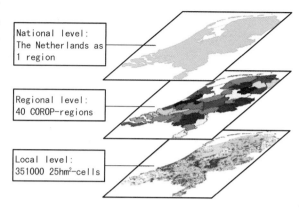

图 3-6　EE 模型所代表空间的 3 个层级①

3.3.3　DUEM 模型

动态城市演变模型(Dynamic Urban Evolutionary Modeling,简称 DUEM)模型是谢一春提出的用于城市理论研究和实践的城市元胞自动机模型,可探讨城市增长及多中心城市发展的动态演化模式。城市增长的动力是由土地的发展潜力决定的,土地利用与转换之间的正反馈机制形成土地类型的相对集中。模型定义了 5 种土地利用类型:住宅、工业、商业及服务业、街道及交通网络和空地。土地增长模拟过程充分考虑了土地利用的生命周期模式和城市发展的各类决策机制,包括土地发展的距离衰减和城市宏观用地发展的约束机制。

模型为了体现城市空间中的社会经济、政治等宏观约束机制,构建了一个嵌套的空间层级系统,用微观、中观、宏观 3 个空间层面表现整个城市空间结构(图 3-7)。微观层面空间为元胞空间,元胞是一个理想化的、均质空间单元,例如元胞空间可以是居民、住宅或公司。元胞邻域采用扩展的摩尔邻域类型,给一个半径 r,邻域的集合为一个正方形,任何元胞的行为都受到邻域状态的影响。中观层面空间为模型空间,可以理解为城市空间中多个元胞空间组成的区域。宏观层面空间为包含环境的地理空间。3 类不同尺度的空间相互作用,通过物质、社会经济、政治等方式对城市空间的增长和演化产生影响。在这个过程中,城市元胞自动机运算主要是在微观、局部层面的作用,而宏观的社会经济作用和模型运行的视觉化都是运用 GIS 完成。

为了表达土地发展产生和衰亡的过程,模型还创立了生命周期的机制,通过设立土地单元的活力值来定义土地的发展阶段。根据这种机制,土地发展可以分为"青年""中年"和"老年"3 个阶段,不同的阶段在某一发展时刻会产生不同的行为规则。新生土地活力值强会引起周边土地的进一步发展,衰亡土地活力值低会逐渐消亡,为新生土地腾出空地用于再发展。模型对这个过程的定义采用概率的随机方式。

① Engelen G,White R,Nijs T D. Environment Explorer:Spatial Support System for the Integrated Assessment of Socio-Economic and Environmental Policies in the Netherlandsp[J]. Integrated assessment,2003,4(2):97-105

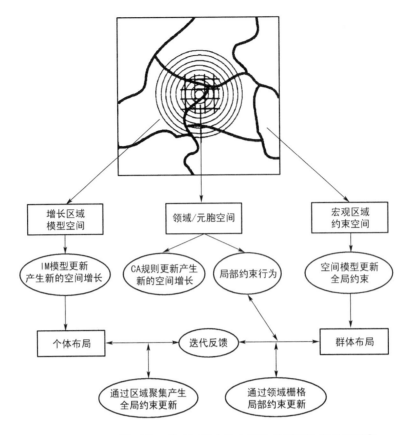

图 3-7　DUEM 模型的 3 类不同尺度的空间及其相互作用关系图[1]

3.3.4　GeoSOS 模型

　　地理模拟优化系统(GeoSOS)由黎夏负责设计,主要由 3 个重要模块组成:地理元胞自动机、多智能体系统、生物智能。其中的地理元胞自动机模块包含了常用的元胞自动机模型,包括 MCE-CA、Logistic-CA、PCA-CA、ANN-CA、Decision-tree CA 等,为用户提供了一种选择最佳模拟模型的方便途径。ANN-CA 为模拟多种土地利用变化提供了一种十分方便的工具。这些模型可以有效地进行地理模拟。系统的另一特色是具备了模拟和优化耦合的能力,由此能大大改善模拟优化的结果,为复杂的资源环境模拟和优化提供了强有力的过程分析工具。GeoSOS 整合了元胞自动机和蚁群算法[2],是一个综合的模型框架(图 3-8)。元胞自动机用于模拟城市发展和土地利用变化,蚁群算法用于解决复杂的路径优化问题[3]。

---

①　Xie Y C. A Generalized Model for Cellular Urban Dynamics[J]. Geographical Analysis, 1997,28(4):350-373

②　蚁群智能算法具有很强的自学习能力,可根据环境的改变和过去的行为结果对自身的知识库进行更新,从而实现算法求解能力的进化。由于蚁群智能算法具有较强的鲁棒性、自适应性、正反馈、优良的分布式计算机制、易于与其他方法结合等优点,如今已经成为人工智能领域的研究热点。

③　Li Xia, Chen Yimin, Liu Xiaoping, et al. Concepts, Methodologies, and Tools of An Integrated Geographical Simulation and Optimization System[J]. International Journal of Geographical Information Science, 2011, 25(4): 1032-1048.

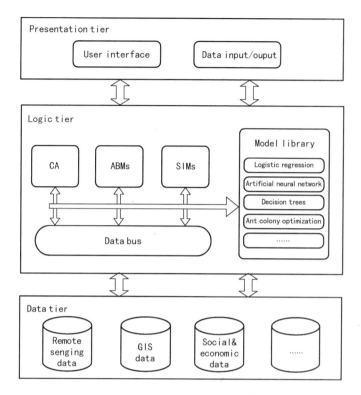

图 3-8 GeoSOS 的逻辑结构[①]

3.4 元胞自动机模型未来发展框架——元胞自动机、多智能体建模与 GIS 的结合

城市结构宏观形态往往是局部异质智能体与外部环境不断交互作用形成的。元胞模型可以成功地复制和模拟城市生态与生物地球物理互馈机制,但却无法反映人类的决策过程[②]。无论是具有自我调整能力的元胞自动机还是智能型的元胞自动机,实质是元胞已经并非传统意义的元胞,而是具有智能的元胞。第三代系统理论的核心是强调个体的主动性,认识到个体可以与环境进行交互作用,并从环境中获取知识,改变自己的行为方式以适应环境。强调个体的智能性和社会性表明了多智能体建模的发展方向。在元胞所具有的行为决策能力方面,城市元胞自动机需要更大的模型框架,引入多智能体的概念逐渐流行。

多智能体模型的优势是可以表现出空间决策和学习的能力,并能对环境的变化做出适应性的反应。但一般的多智能体模型缺乏空间的概念,大多数地理智能体的行为和结果都是空间性的,如何在多智能体系统中有效表达地理空间是一个值得探究的问题[③]。因此,较为理想的城市模型是通过元胞自动机提供地理空间,模拟城市环境,多智能体模型用于模拟人的决策与交互。城市的宏观空间格局由局部的空间自组织、人的决策与交互过程共同决定。元胞自动机与多智能体的

① Li Xia, Chen Yimin, Liu Xiaoping, et al. Concepts, Methodologies, and Tools of An Integrated Geographical Simulation and Optimization System[J]. International Journal of Geographical Information Science, 2011, 25(4): 633-655.

② Parker D C, Manson S M, Janssen M A, et al. Multi-Agent Systems for the Simulation of Land-Use and Land-Cover Change: A Review[J]. Annals of the Association of American Geographers, 2003, 93(2):314-337.

③ 黎夏,叶嘉安.地理模拟系统:元胞自动机与多智能体[M].北京:科学出版社,2007:256

结合可以弥补各自的不足和缺陷,形成更宏观、更全面的模型框架。同时,元胞自动机、多智能体和 GIS 的结合也成为发展的必然,因为 GIS 具有强大的空间分析能力。三者的结合一方面可以为 GIS 增强时空分析功能,另一方面可以为动态模型增强数据处理和可视化能力,为更复杂的城市建模创造条件(图 3-9)。

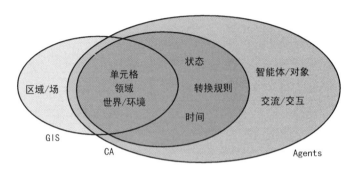

图 3-9 基于 GIS,元胞自动机与多智能体之间的关系[①]

刘小平等对目前的智能转换规则进行了总结,提出了基于蚁群智能算法的地理元胞自动机模型,并将其应用于广州城市模拟中[②]。蚁群智能算法的本质就是一个复杂得多智能体系统。杨青生对元胞自动机模型中随机变量的引入概念提出了模型修改意见。他认为元胞自动机模型中随机变量的引入是为了增加模型运行的不确定性,但这样的引入没有明确的意义。若用多智能体模型替代随机变量则可以增加城市模拟的人文性特征,因为城市用地的转变是由人决定的。因此,他提出了智能体-元胞自动机模型,并将其应用于樟木头镇 1988—1993 年的城镇用地扩张模拟中[③]。

① Batty M, Jiang B. Multi-Agent Simulation: New Approaches to Exploring Space-Time Dynamics within GIS[C]. Working Paper Series 10 of Centre for Advanced Spatial Analysis. London: University College London, 1999

② 刘小平,黎夏,叶嘉安等. 利用蚁群智能挖掘地理元胞自动机的转换规则[J]. 地球科学,2007,37(6):824-834

③ 杨青生,黎夏.多智能体与元胞自动机结合及城市用地扩张模拟[J].地理科学,2007,27(4):542-548

4 基于多智能体技术的建模原理

4.1 多智能体在城市模型中的应用背景

20世纪90年代,圣菲研究所的复杂自适应系统、钱学森的"开放复杂巨系统"等思想推动以神经网络、元胞自动机、多智能体系统为代表的第三代系统理论的发展。巴蒂强调城市空间模型由静态转化为动态不是一种建模方式的转变,而是人们对世界理解过程的思想转变①。元胞自动机与多智能体建模都是城市动态模型的代表。元胞自动机对城市增长的模拟研究已持续了近20年,成果丰富,而多智能体建模在城市中的应用研究则起步不久,经典案例不多。从元胞自动机转向多智能体建模是因为人们逐渐认识到元胞自动机在城市模拟中出现的问题。这些问题表现在对于城市增长的过程、成因缺乏解释②。另外,元胞自动机虽然强调了空间的微观相互作用,但模拟过程中城市的发展主要取决于邻域状态和转换规则,与居民、起规划作用的政府等个体或机构没有直接的联系。而在真实城市中,这些能动的个体往往对城市发展起着决定性的作用③④。为了弥补元胞自动机模型本身的缺陷,很多模型在城市模拟中通过GIS综合了宏观经济发展决策等因素。这种带有个体决策性质的城市元胞自动机模型在概念上已经接近于基于智能体的建模,因此,当前城市元胞自动机模型与基于智能体建模已结合在一起了。

巴蒂认为基于智能体建模可以提供时空动态建模的另一种思路,因为城市模型的研究中需要"移动的网格"并允许与城市动态性相关联的大尺度行为的交互作用⑤⑥。奥沙利文认为人的活动行为是影响土地状态变化的重要因素,而元胞自动机模型中的土地状态转换规则难以制定,因为规则必须包含对人类活动过程的理解,从这个角度出发,基于智能体建模的方法是最适宜的选择⑦。本纳森从城市空间分析的角度指出,要模拟城市空间动态系统,必须能够描绘出城市空间的三方面特征:一为对象所处区位的空间拓扑分析,二为对象之间的空间关系,三为对象区位的空间变化过程。元胞自动机模型描述的是对象区位相对固定的空间元素,而多智能体模型描述

① Batty M. Building a Science of Cities [C]. Working Paper Series 170 of Centre for Advanced Spatial Analysis. London: University College London, 2010

② Torrens P M, O'Sullivan D. Cellular Automata and Urban Simulation: Where Do We Go from Here[J]. Environment and Planning B: Planning and Design, 2001, 28: 163-168

③ Benenson I, Omer I Hatna E. Entity-Based Modeling of Urban Residential Dynamics: The Case of Yaffo, Tel Aviv[J]. Environment and Planning B: Planning and Design, 2002, 29(4): 491-512

④ 刘小平,黎夏,艾彬,等. 基于多智能体的土地利用模拟与规划模型[J]. 地理学报, 2006, 61(10): 1101-1112

⑤ Batty M, Jiang B. Multi-Agent Simulation: New Approaches to Exploring Space-Time Dynamics within GIS[C]. Working Paper Series 10 of Centre for Advanced Spatial Analysis. London: University College London, 1999

⑥ Batty M. Cities and Complexity[M]. Cambridge: MIT Press, 2004: 209

⑦ O'Sullivan D, Torrens P M. Cellular Models of Urban Systems [C]// Bandini S, Warsch T. Theoretical and Practical Issues on Cellular Automata-Proceedings of the Fourth International Conference on Cellular Automata for Research and Industry. London: Springer-Verlag, 2001: 108-116

的是区位不断变化的空间元素,两者只有结合起来才能提供城市空间动态模拟的完整框架①。黎夏认为当前的空间多智能体一般都是借助于元胞自动机的思想,智能体分布在二维网格上,智能体可自由移动并具有一定的决策和学习能力②。很多学者一致认为多智能体系统应与 GIS 进行充分的集成,GIS 可以为多智能体系统提供真实的地理区位。因此,结合 GIS 进行多智能体建模和元胞自动机模型结合应用成为多智能体系统在地理学研究,尤其是应用研究中的主要发展趋势③④。

4.2 基于多智能体建模

基于多智能体建模(Agent-Based Modeling,简称 ABM)是以模拟行为和具备自治能力的智能体间的交互为目的的计算模型中的一类。ABM 的最初概念产生于 20 世纪 40 年代,由于对计算的要求过高,受到当时计算机能力的限制,直到 90 年代才广为流传。康威的生命游戏成为推动 ABM 的最初动力,人们惊奇地发现在一个二维简单的虚拟网格空间中局部简单规则导致结构的对称和有序。谢林(T. C. Schelling)1971 年发表《社会隔离的动态模型》(*Dynamic Models of Segregation*),他用硬币和图纸进行演化,模型包含了 ABM 作为有自治能力智能体交互的基本概念⑤。80 年代阿克西尔罗德(Axelrod)运用基于智能体的方式测试囚徒困境⑥的胜方。其后,他从政治学角度,试图建立多个 ABM 模型研究民族优越感和文化的传播作用。另外,1986 年,雷诺兹开发了人工生命程序——Boids,其群集模式首先推动了生物智能体的研究⑦。由于生物智能体研究包含了生物的社会特征,兰顿称之为"人工生命"。

各种基于智能体模型的计算机软件也在各种理论背景下应运而生,1990 年代早期 StarLogo 出现,中期 Swarm 及 NetLogo 开发出来,2000 年 Repast 出现以及研究人员的各种自定义的程序代码实现了多种多样的智能体模型,应用的研究领域也越来越广泛。爱泼思坦等开发了糖域模型,模拟和分析了诸如季节迁徙、污染、性繁殖、竞争、疾病及文化的传播等社会现象的作用⑧。

简言之,ABM 的主要研究范畴是社会与组织系统的计算分析,涉及社会网络与文化的协作和进化。

---

① Benenson I, Torrens P M. Geographic Automata Systems: A New Paradigm for Integrating GIS and Geographic Simulation[C]. Proceedings of the 7th International Conference on GeoComputation. Southampton: University of Southampton, 2003: 367-369

② 黎夏,叶嘉安. 地理模拟系统:元胞自动机与多智能体[M]. 北京:科学出版社,2007:256

③ 江斌,黄波,陆峰. GIS 环境下的空间分析和地学视觉化[M]. 北京:高等教育出版社,2002:137

④ Crooks A T. Constructing and Implementing an Agent-Based Model of Residential Segregation Through Vector GIS[C]. Working Paper Series 113 of Centre for Advanced Spatial Analysis. London: University College London, 2008

⑤ Schelling T C. Models of Segregation[J]. The American Economic Review, 1969, 59(2): 488-493

⑥ 囚徒困境(prisoner's dilemma):两个被捕的囚徒之间的一种特殊博弈,说明为什么甚至在合作对双方都有利时,保持合作也是困难的。囚徒困境是博弈论的非零和博弈中具代表性的例子,反映个人最佳选择并非团体最佳选择。虽然困境本身只属模型性质,但现实中的价格竞争、环境保护等方面,也会频繁出现类似情况。

⑦ Reynolds C. Flocks, Herds, and Schools: A Distributed Behavioral Models[J]. Computer Graphics, 1987, 21(4): 25-34

⑧ Epstein J M, Axtell R. Growing Artificial Societies: Social Science from the Bottom Up[M]. Washington, D. C.: Brookings Institution Press; Cambridge: MIT Press, 1996

4.3 智能体建模在城市研究中的应用

基于智能体建模已充分应用到社会学、生物学、政治学、经济学、交通等各个领域,应用的空间尺度跨度也非常大,小到学术研究中的理论验证模型,大到基于真实数据的商业决策支持系统。波纳伯(E. Bonabeau)将基于智能体建模应用分为 4 类,分别是:流模拟、组织模拟、市场模拟和扩散模拟①。在地理学、建筑学和城市中的应用主要集中在流模拟和扩散模拟中。

建筑物的疏散设计模拟和交通流管理都属于流模拟,例如在交通分析模拟系统中基于智能体建模软件包为规划人员提供了人的活动模式,模拟车辆的运动和区域交通网络,预估空气污染的排放量等信息,大部分数据源来自于美国官方公布的真实大城市实测数据。该系统可以创建一个集人口、活动和交通基础设施的虚拟大都市区域模拟系统。在建筑设计中,空间组构团队的研究人员特纳(A. Turner)等开发了空间智能体(EVA 系统),并将之应用于泰特美术馆,研究美术馆的空间布局对于参观人员的参观路径、停留时间的影响。研究结果表明智能体所选择的路径主要集中在空间整合度高的区域,证明了空间句法中有关空间组构如何影响人的活动的理论②,如图 4-1 所示。希列尔等开发出基于智能体建模的超市模型 Simstore,模型取材于西部伦敦的一个真实超市 Sainsbury。智能体行为采用了顾客选择商品的行为原则(例如最短

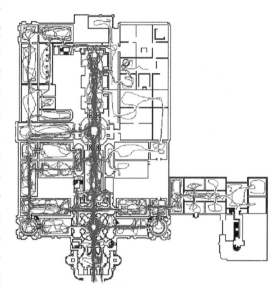

图 4-1　19 个智能体进入美术馆后 10 分钟
留下的路径线②

路径规则,最近邻域规则等等),智能体产生的路径可以计算出超市每个区位的顾客密度,数据甚至可以计算出顾客的最短与最长路径,或是平均路径长度以及最常用路径。这些信息可以帮助超市管理人员科学地规划超市室内设计和货架的排放。

扩散模拟主要涉及智能体与周围智能体的作用与关系,主要表现为社会影响和社会文脉,因此接近于社会模拟。社会模拟在商业上一直无法获得发展的原因是变量的"软"特征以及参数难以量化,模拟重点表现为预测而不是学习④。帕克等提出的土地利用/覆盖变化的多智能体模型(MAS/LUCC)包含两个关键元素,元胞模型代表了土地景观或环境,基于智能体的模型代表了土地决策结构,两个相互依赖的元素通过反馈实现智能体与环境之间的相互作用⑤。近年,基于智能体建模在城市中的应用包括本纳森的城市住宅动态性研究,托伦斯(M. P. Torrens)等的城市增长和居住区位研究,等等。

基于智能体建模在城市土地利用中的应用还不多,一部分原因是土地利用研究在开始阶段集

①④　Bonabeau E. Agent-Based Modeling:Methods and Techniques for Simulating Human Systems[C]. Proceedings of the National Academy of Sciences of the United States of America,2002,99(supplement 3):280-287

②③　Turner A,Doxa M,O'Sullivan D,et al. From Isovists to Visibility Graphs:A Methodology for the Analysis of Architectural Space[J]. Environment and Planning B:Planning and Design,2001,28(1):103-121

⑤　Parker D C,Manson S M,Janssen M A,et al. Multi-Agent Systems for the Simulation of Land-Use and Land-Cover Change:A Review[J]. Annals of the Association of American Geographers,2003,93(2):314-337

中于土地状态的变化以及土地状态的校正和检验,元胞自动机较为适用此类模拟。研究后期认识到元胞自动机的局限性,并开始关注于土地利用变化的人文因素、政府决策等异质性元素,而引入智能体的概念。由于基于智能体建模也同样有局限性问题,因此陆续展开的研究将基于智能体建模、元胞自动机与GIS相结合,元胞自动机所创建的元胞环境为智能体提供了活动空间,GIS的空间分析工具为智能体的空间分析提供了依据。三者的结合为城市建模提供了更为广阔的计算平台。

4.4　智能体的定义、特征、规则与环境

4.4.1　智能体的定义

对于智能体(agent)这个词和它的定义来源于哪里已无法得知,有一种说法是出于霍兰(J. H. Holland)和米勒(J. H. Miller)1991年的一篇论文《经济理论中的人工自适应智能体》(*Artificial Adaptive Agents in Economic Theory*)。霍兰提到复杂自适应系统由大量主动性元素构成,他说:"为了说明具有主动性的元素,同时不求助于专门的内容,我借用了经济学中的主体(agent)一词。这个术语是描述性的,应当避免先入之见。"[1]至今,各国专家和学者对智能体的定义并没有达成共识,但都认可智能体的一些共同特征。麻省理工学院自主智能体的开创者梅斯(P. Maes)对它的定义是:"一个智能体就是一个系统,它位于一个复杂动力学环境中,为了完成一系列任务而行动(它通过感应器感知环境,通过传动器反作用于环境)。"[2]她是从人工智能[3]的角度对智能体下定义,这里的智能体可以是机器人,也可以是一个计算机软件。伍德(M. Wooldridge)对智能体的属性做了一个总结,他认为不同的专业对"智能体"的认知是不同的,可以把智能体区分为"弱定义"和"强定义"[4]。"弱定义"的智能体是普遍意义上的智能体,可以是一个硬件或以软件为基础的计算机系统,具有自治性、反应性、社会性和主动性的特征。"强定义"的智能体是建立在"弱定义"的属性基础上所增加的智能体属性,例如带有某些精神含义的特质,例如知识、信仰、义务等等,甚至可以增加感情等属性。弗兰克林(S. Franklin)等对来自各领域有关智能体的定义做了总结,与别人不同的是,他并未对智能体做出定义,而是对"自治的智能体"做出了定义:在具备部分环境的系统中,自治的智能体可以感知环境并做出反应,有对未来的行动目标,对未来做出反应[5]。

波纳伯认为任何独立的元素种类,例如软件、模型、个体等都可以成为智能体,独立元素的行为可以较为宽泛,从较低级的原始反应决策行为到高级的复杂自适应智能行为[6]。而另一些研究人员则坚持智能体必须具有自适应能力,可以通过环境的变化改变行为。卡斯蒂(J. L. Casti)认

---

① [美]约翰·霍兰.隐秩序——适应性造就复杂性[M].周晓牧,韩晖,译.上海:科技教育出版社,2000:35
② Maes P. Modeling Adaptive Autonomous Agents[J]. Artificial Life, 1994, 1:135-162
③ 主流人工智能理论是基于知识的人工智能(Knowledge-based AI),是自上而下的行为研究,例如医疗诊断系统。而在1985年后则兴起基于行为的人工智能(Behavior-based AI,或Autonomous Agent Research)研究,是自下而上的行为研究,例如一个机器人。
④ Wooldridge M, Jennnings N. Intelligent Agents: Theory and Practice[J]. The knowledge Engineering Review, 1995, 10(2): 115-152
⑤ Franklin S, Graesser A. Is It an Agent, or Just a Program?: A Taxonomy for Autonomous Agents[R/OL]. http://www-lia. deis. unibo. it/courses/2007-2008/SMA-LS/papers/4/agentorprogram. pdf
⑥ Macal C M, North M J. Tutorial on Agent-Based Modeling and Simulation[J]. Journal of Simulation, 2010, 4(3):151-162

为智能体应具备两种层次的行为能力,一种是基本层次级别,是对环境做出反应的行为能力,另一种是高层次级别,即自适应。因此智能体既可以是活的对象,例如人,也可以是不活动的对象,例如建筑物、土地地块,它们不能移动却可以改变状态。按照这样的定义,元胞自动机也就构成了智能体的研究范畴。但无论智能体对象是否活动,都毫无例外是面向对象的,所以面向对象的程序语言也是 ABM 最为合适的创建媒体。在人工世界中,多个相交互的智能体群体以及它们形成的环境模型被称为基于智能体的模型(Agent-based Model)。

在城市模型中,智能体既可以是活动的,也可以是不活动的[①]。活动的智能体代表一个人,或者一群人(例如,企业、政府、规划决策部门)。不活动的智能体,例如土地地块,虽然地块不可移动,但却可以改变状态。

4.4.2　智能体的特征

综合各方面研究,智能体应具备如下特征:
- 行为可识别性。

智能体作为离散的个体应具有一系列特征及决策能力。它的离散性要求智能体本身应有明确的边界,观察者可以较轻易地识别。

- 具有方位特征

智能体应总是位于环境中的某一点,并与其他智能体相互作用。交互的基础是智能体间的协议(例如,通讯协议)并有能力对环境做出反应。从这点出发可以引申出,智能体应具备识别与辨认其他智能体路径的能力。

- 行为具有目的性

智能体总是为达到某个目标而产生行为。

- 行为具有自治性

智能体在环境中独立做出决策并有能力至少在有限范围内与其他智能体相处。

- 行为具有灵活性

智能体随着在环境中时间与经历的不断增加形成学习适应的能力。要达到这一点,必须使智能体产生某种形式的记忆功能(例如,在失败中获得经验)。行为规则应是随环境变化不断修正的规则。

智能体的重要研究意义在于它的根本性质——涌现性质[②]。也就是说虽然我们了解每个智能体的行为规律和特征,但不能预测与推断它组成的系统的整体行为。"涌现"的概念是系统科学发展的核心概念之一。半个多世纪以来的系统科学发展史表明,要克服复杂系统科学研究面临的难题,就要求深入研究涌现问题。只有当人们能够对涌现问题做出科学的解释,说明涌现的内在机理,发现涌现的基本规律,创造一套描述涌现的方法,才能进一步推动复杂系统科学的发展。ABM是实现描述复杂系统涌现问题的基本平台之一。

4.4.3　智能体的行为规则、尺度、时间步与环境

智能体的行为规则设定不同于元胞自动机。元胞自动机的转换规则作用于全体元胞,而智能

---

① Crooks A T. Using Geo-Spatial Agent-Based Models for Studying Cities [C]. Working Paper Series 160 of Centre for Advanced Spatial Analysis. London: University College London, 2010

② 所谓"涌现",就是指系统中的个体遵循简单的规则,通过局部的相互作用构成一个整体的时候,一些新的属性或者规律就会突然一下子在系统的层面诞生。涌现并不破坏单个个体的规则,但是用个体的规则却无法加以解释,可以理解为"系统整体大于部分之和"。涌现性是指那些高层次具有而还原到低层次就不复存在的属性、特征、行为和功能。

体的转换规则可以作用于全体智能体,也可以仅作用于同一类的智能体。规则一般采用"if-else"模式,当满足某个条件时,产生智能体行为。在行为产生过程中,可以运用智能式方法(例如神经网络算法)赋予智能体学习的能力,通过模型观察智能体学习后的自适应能力。

由于智能体本身可代表任何尺度的对象,因此基于智能体模型基本是没有尺度的概念。建模人员根据自己感兴趣的课题或现象建立模型尺度。微观的角度可以模拟建筑物疏散过程中人的运动行为,例如赫宾(D. Helbing)的步行者动态行为的社会力模型[1]、波纳伯的火灾逃离智能体模拟[2]、史健勇基于智能体的公共建筑物火灾疏散模拟[3]。中观的角度,可以模拟住宅区内住宅与社区活动中心之间的变迁关系[4]。由于可以对智能体进行属性定义,例如运动的方向、速度等属性,因此只要进行合理的定义,就可以解决地理学中的随距离而衰减等对象间的相互作用关系问题。

智能体的时间步类似于元胞自动机,仍然是离散的。托伦斯将自动机的组成描述为状态、输入流、规则和时钟[5]。时钟的作用在于通过输入流信息控制内部状态。时钟的设定与规则和空间分辨率相关联,在真实城市系统中与空间尺度相关联。

基于智能体建模研究的重点是智能体之间的交互作用如何产生宏观的格局。很多文献中所探讨的智能体环境与地理和城市规划中所探讨的空间环境有很大的差异,智能体与智能体之间的关系有些是空间距离定义,有些是网络的连接性来定义。也就是说,智能体的空间环境既可以是明确的空间(例如通过网格定义),也可以是隐含的空间(例如通过关系定义环境)。由于智能体的环境缺乏空间的概念,因此地理学研究中的智能体常常借助于元胞自动机的元胞空间来进行。

4.4.4 智能体和环境的分类

基于智能体建模的应用范围非常广泛,不同的学科和领域为了不同的目标开发智能体及其环境。考克林斯将智能体和环境划分为设计型和分析型两种类型[6],设计型的智能体被赋予属性和行为,测试特定假设条件下的结果。分析型智能体的目的是基于经验数据或作为观测过程真实替代的专门数值和假设,模拟真实世界中的实体。奥沙利文认为"设计型"和"分析型"容易引起歧义,可以直接称为"理论推导型"和"经验推导型"[7]。设计型的智能体环境是指提供了特定智能体属性的简化特征,分析型的智能体环境通常表现为真实世界的位置,具体的关系参见表4-1。

---

① Helbing D, Molnar P. Social Force Model for Pedestrian Dynamics[J]. Physical Review E, 1995, 51(5):4282-4286

② Bonabeau E. Agent-Based Modeling: Methods and Techniques for Simulating Human Systems[C]. Proceedings of the National Academy of Sciences of the United States of America, 2002, 99(supplement 3): 280-287

③ Shi J Y, Ren A Z, Chen C. Agent-Based Evacuation Model of Large Public Buildings Under Fire Conditions[J]. Automation in Construction, 2009, 18(3): 338-347

④ Brown D G, Page S, Riolo R, et al. Path Dependence and the Validation of Agent-Based Spatial Models of Land Use[J]. International Journal of Geographical Information Science, 2005, 19(2): 153-174

⑤ Torrens P M. Automata-Based Models of Urban Systems[M]// Longley P A, Batty M. Advanced Spatial Analysis: The CASA Book of GIS. Redlands: ESRI Press, 2003:61-81

⑥ Coucelis H. Why I no Longer Work with Agents: A Challenger for ABMs of Human-Environment Interaction[C]. Proceedings of the Special Work shop on Agent, 2001, 6: 3-5

⑦ Heppenstall A, Crooks A T, See L M, et al. Agent-Based Models of Geographical Systems [M]. New York, Dordrecht: Springer, 2012:111

表 4-1 考克林斯智能体和环境分类①

		智　能　体	
		设　计　型	分　析　型
环境	设计型 （即理论 推导）	模型描述:抽象 目的/意图:发现新的关系;存在的证据 检查和验证策略:理论比较;复制 合适的开发工具:易于实现模拟/建模系统	模型描述:实现的 目的/意图:股东角色扮演游戏;实验室试验 检查和验证策略:重复;设计合适性 合适的开发工具:具备友好用户界面的灵活模拟/建模系统
	分析型 （即经验 推导）	模型描述:历史的 目的/意图:解释 检查和验证策略:定性分析,适合度 合适的开发工具:与GIS结合的高级模拟/建模系统	模型描述:经验的 目的/意图:解释;规划;情景分析 检查和验证策略:定量的;适合度 合适的开发工具:低级的编程语言

虽然有时两者的界限并不十分清晰,但在概念上区分有助于全面了解智能体建模的应用领域。针对城市实践问题,例如土地利用与土地覆盖等问题常常采用的是分析型的智能体和分析型的智能体环境。智能体环境是一个真实的城市环境,而智能体的活动行为原则往往是抽象的。我们需要探寻的是城市抽象元素与城市结构、宏观图式之间的关系特征。例如城市用地的发展演化、城市的动态性蔓延扩张、城市形态的结构性演变等问题。这种分析的目的是对土地利用的发展过程进行动态的描述、解释并对未来进行预测和评价等等。考克林斯强调这种模拟对城市规划及政策制定具有重要的意义,但同时必须认识到模型若能达到解释并预测的能力,不仅需要基于智能体的技术,更需要以引导城市土地发展的正确理论和土地发展的动因分析为基础。

4.5　智能体建模的模拟/建模系统

4.5.1　基于智能体建模系统

开发一个基于智能体模型系统,可以通过两种方式实现:工具包和软件。工具包为模拟/建模系统提供了一个组织和设计基于智能体模型的概念框架。它不仅提供了特别设计的预定义的程序和函数,还可以与外部函数库的功能集成。著名的工具包有 Swarm、Repast、Mason 等等。以 Repast 为例,它提供了基于 Java、Python 语言的函数集合和预定义程序,也可与 Geotools、JTS 等 GIS 软件库功能集成。工具包的优点在于它是开源的,拥有大量的群体支持,具有灵活性和可扩展性。这在某种程度上大大地方便了模型的开发,它提供的可视化模板使建模设计人员不用再关心计算机模拟所需要的基础工具或界面,而是将精力集中在如何创建模型。缺点在于建模人员必须花费大量的时间学习生成模型的编码,切实地理解工具包是如何设计和实现一个模型的,必须具备相关语言的编程能力。

除去工具包,软件也可以用于开发基于智能体模型,简化其执行过程。软件分为两种,一种是共享软件/免费软件,这类软件包括 StarLogo、NetLogo、OBEUS 等,用户可以免费地使用但不能修改系统,源代码是不可获取的。另一种是具有版权的或是私有的软件,例如 AgentSheets,Any-Logic 等,用户必须购买才可使用。软件相对于工具包来说,主要问题是会受限于软件的设计框架内,对于私有软件问题更多一些,因为它不允许用户访问源代码,因此开发的模块对于用户来说相

---

① Couclelis H. Why I no Longer Work with Agents：A Challenger for ABMs of Human-Environment Interaction[C]. Proceedings of the Special Work shop on Agent，2001

当于黑匣子,建模者对模型内部有效性不清楚,当模型输出发生意外时,无法处理。

以下简述常用的几种工具包和软件。

1) Swarm

Swarm 是美国圣菲研究所开发的一个模拟工具集。1995 年发布了 Swarm 的 Beta 版,并完成了一定的论文。Swarm 提供了讨论模拟技术和方法论的公共平台,还提供在特定的研究团体中模型组件和库的共享,这既是一种智力交换的重要形式,同时也是面向对象程序设计的主要优势和特征。在此基础上建立了一个用于模型定义的形式化框架,该框架成为实验科学工具的计算机程序的必要标准。开发 Swarm 的创始人兰顿曾说过,Swarm 的目的就是创建一种可使建模者把注意力更多地集中在自身的专业领域,而不是花费时间编写软件。

Swarm 是一组用 Objective‑C 语言写成的类库,这是一种面向对象的 C 语言。程序员可以把这些类库作为积木搭到自己的程序中去。1998 年 4 月伴随着 1.1 版的发布,Swarm 推出了可以在 Windows 95/98/NT 上运行的版本。1999 年 Swarm 又提供了对 Java 的支持,从而使其越来越有利于非计算机专业的人士使用[①]。Swarm 通过类库的方法支持模拟实验的分析、显示和控制,即用户可以使用 Swarm 提供的类库构建模拟系统,使系统中的主体和元素通过离散事件进行交互。这样的基本思路与方法后来也被 Repast 沿袭。

Swarm 在城市研究中应用的例子包括:城市中心的徒步模拟,伦敦诺丁山狂欢节的拥挤度测试[②]。

2) Repast(Recursive Porous Agent Simulation Toolkit)

Repast[③] 由芝加哥大学开发,由 Repast Simphony (Repast S)提供 Repast J 或 Repast. Net 的所有核心功能(限定于 Java 开发)。Repast 有 3 种程序语言执行模型:Python (Repast Py),Java (Repast J)和 Microsoft. Net (Repast. Net)。3 个部分均是免费开源工具包。高级模型需要在 Repast J 中用 Java 编写,或者在 Repast. Net 中用 C♯ 编写。Repast 提供了多个类库,用于创建、运行、显示和收集基于主体的模拟数据,并提供了内置的适应功能,如遗传算法和回归等。它包括不少模板和例子,具有支持完全并行的离散事件操作、内置的系统动态模型等诸多特点。Repast 拥有相对较大的用户组织以及系统网站上大量的帮助文件和范例模型。

智能体分析工具包(Agent Analyst[④])将 GIS 与 ABM 相结合,提供了跨越时空的个体动态模型平台。该平台由美国阿贡国家实验室的复杂自适应智能体系统模拟中心与 ESRI(Environmental Systems Research Institute, Inc,美国环境系统研究有限公司)合作共同开发。工具包遵循中间件[⑤]方法由 Repast 控制时间因素,由 ArcGIS 控制拓扑关系。开发版本建立在 Repast Py 上。Repast Py 的图形用户界面可以使多个程序框架运行,Agent Analyst 已成为 ArcGIS 中工具包中的一个工具。Agent Analyst 一旦加入 ArcGIS 中的工具包,就可以通过 shp 文件使智能体得到一个现实的空间环境,并且可以使智能体的移动和决策形成视觉化成果。Agent Analyst 通过 Not‑Quite‑Python(NQPy)进行智能体行为与规则的开发,主要用于定义智能体的行为,是一种借用

① 丁浩、杨小平. Swarm——一个支持人工生命建模的面向对象建模平台[J]. 系统仿真学报,2002,14(5):569‑573

② Batty M, Desyllas J, Duxbury E. Safety in Numbers? Modelling Crowds and Designing Control for the Notting Hill Carnival[J]. Urban Studies, 2003, 40(8):1573‑1590

③ 参见 http://Repast. sourceforge. net/

④ http://www. institute. redlands. edu/agentanalyst/

⑤ 中间件(middleware)是一种独立的系统软件或服务程序,分布式应用软件借助这种软件在不同的技术之间共享资源,中间件位于客户机服务器的操作系统之上,管理计算资源和网络通信。顾名思义,中间件处于操作系统软件与用户的应用软件的中间。总的作用是为处于自己上层的应用软件提供运行与开发的环境,帮助用户灵活、高效地开发和集成复杂的应用软件。

Python 句法的、简要的描述语言①。结果可以输出至 Repast J 中通过 Java 进行深层次开发。

用 Repast 创建的空间模型有克鲁克的种族隔离研究、居住和公司场所②，以及地下车站的徒步撤离③。

3）Mason(Multi Agent Simulation of Neighbourhood)

Mason④由美国乔治梅森大学进化计算实验室和社会复杂性研究中心共同开发。Mason 可以运行在 Windows、Unix 以及 Linux 等多种操作系统下，支持仿真的 2D 和 3D 图形显示，具有高度模块化、仿真结果的可重现性、快速、灵活和便携的特点。Mason 采用先进的基于智能体的建模方式，适合用于人工智能、机器人、物理学上的仿真。相对于 Swarm 和 Repast 来说，Mason 并没有拥有太多的用户群。

4）OBEUS(Object-Based Environment for Urban Simulation)

基于对象的城市模拟环境（简称 OBEUS）由以色列特拉维夫大学开发。OBEUS 在 Microsoft. NET 框架下完成，但依赖于几个三方元素（Microsoft. NET Framework，Borland C♯ Compiler，等等），这些元素必须要安装以保证系统运行。OBEUS 提供的图形用户界面用以开发模型的结构，智能体的行为和交互规则必须通过 Micorsoft. NET 语言的一种（例如，C♯、C＋＋，或 Visual Basic 等）来完成。研究人员得到想要的结果需要熟练的编程知识。OBEUS 已被用于开发的空间模型包括：1955—1995 年期间特拉维夫的 Yaffo 区域种族居住分布模拟⑤，以及城市蔓延。

5）Star Logo

StarLogo⑥是由 MIT 媒体实验室开发的建模系统。不像其他系统，StarLogo 和 NetLogo 模型都是按顺序编程的模型，与面向对象的结构相反，是早期人工智能研究的代表。StarLogo 很容易用，尤其对那些有很少编程经验的人。

StarLogo 的主要缺陷是由于它不是面向对象的结构，因此 StarLogo 所开发的模型无法获得基于智能体和面向对象范例之间的抽象相似性。而且，StarLogo 缺乏开放资源系统提供的灵活性，建模者局限于系统提供的功能。巴蒂用 StarLogo 检测了英国伦敦泰特展厅游客的运动，尤其是房间结构的变化如何在展品间影响游客的运动。

6）AgentSheets 和 AnyLogic

AgentSheets 是一个具有版权的模拟/建模系统，是由雷佩宁（A. Repenning）在 MACINTOSH 平台上开发的一套多智能体系统平台。该系统适合于中小学教学，用户界面活泼，操作语言直观易懂，它允许建模者在有限的编程经验情况下开发基于智能体模型。AgentSheets 包含了一个 Java 创作工具，这一工具可将动态模拟转换到因特网上显示。系统网页提供了很多范例模型。例如，Sustainopolis 是一个类似于计算机游戏模拟城市（SimCity）的模拟，研究城市中污染的扩散。但是，AgentSheets 所创建的模型对复杂性有一定的限定性，而且，系统缺乏动态图表模拟

① 参见 AA 或 Repast Py 的帮助文件

② Crooks A T. Constructing and Implementing an Agent-Based Model of Residential Segregation Through Vector GIS[C]. Working Paper Series 113 of Centre for Advanced Spatial Analysis. London：University College London，2008

③ Castle C J E. Developing a Prototype Agent-Based Pedestrian Evacuation Model to Explore the Evacuation of King's Cross St Pancras Underground Station[C]. Working Paper Series 108 of Centre for Advanced Spatial Analysis. London：University College London，2006

④ http://cs. gmu. edu/~eclab/projects/mason/

⑤ Benenson I, Omer I Hatna E. Entity-Based Modeling of Urban Residential Dynamics：The Case of Yaffo, Tel Aviv[J]. Environment and Planning B：Planning and Design，2002，29(4)：491-512

⑥ http://education. mit. edu/StarLogo/

输出的功能,智能体在二维网格环境中有限地移动。

AnyLogic 是一个更先进的产品,包括一系列开发基于智能体模型的功能。例如,模型在运行过程中可以动态地读写数据到电子数据表或数据库,也可以以动态图表模型输出。而且,在 AnyLogic 模型中可以启动外部程序进行信息的动态联系。

4.5.2　城市环境建模

考克林斯对城市环境建模进行了阐述。环境模型是依赖广泛的数据信息,跨越多个学科,具有动态性与复杂性的模型种类。其主要特征体现在如下方面[①]:

(1) 需要明确的时间与空间维度的变化,时空维度是模型空间复杂性的主要原因。

(2) 需要综合多个学科、多个领域的子系统,但并不一定需要这些领域形成一个共同接受的理论框架。

(3) 环境建模充满了不确定性和模糊性,这一点远远不同于传统自然科学模型。

(4) 城市环境建模的建模目的常常是为城市规划及管理的政策服务,隐含了政治与管理的建模目的,因此不存在对与错的问题。

城市环境建模中首先需要定义的是建模对象。对象可以是道路、建成区域、土地利用的不同种类、河流、地形、水体、动物等等。采用什么对象作为建模对象很大程度上取决于建模目的,是用于研究还是用于政策分析。一个面向政策的模型,对象和对象的属性往往是政策制定者可以操控的(也可以称为"政策变量"),政策变量也是控制模型行为的最重要的因素。通过观察环境模型的变量与结果之间的关系可以为政策制定者提供很多启发,引导政策制定者在现实世界中的环境决策。而在面向研究的模型中,描述、解释和预测是建模的主要目的。

城市环境建模中另一需要定义的是对象的时空结构,时空结构包括尺度、格局、拓扑结构、参考的空间框架以及其他的关系属性。在确定了建模对象和时空结构之后,城市环境建模会面临规则的定义,规则决定了对象的演化与交互,因此往往是建模的核心。规则通常是通过数学、计算或逻辑方式表达。城市环境模型由于跨越了多个学科,统一的数学或逻辑表达理论常常是不存在的,需要考虑规则制定的多种方式,例如假设的方式、统计的方法、经验的方法、随机的方法等等。但无论怎样,将复杂的城市环境模拟归纳为几种简单的规则都是最为艰巨和困难的任务,不仅需要个人的技术和能力,更需要多个学科的共同努力。

4.6　几种与城市研究关联的智能体模型

4.6.1　谢林模型及城市居住区的社会分离研究

谢林的社会分离模型(Schelling's Segregation Model)是首个探求社会问题的动态交互智能体系统模型,研究针对有辨识力个体的种族隔离行为。种族隔离的发生源于宗教信仰、交流的语言与肤色等等因素。在谢林模型中,尝试了两种研究方法,一种是空间接近模型,另一种是边界邻域模型。

改进后的社会分离模型是放置在一个格网中,谢林将这个格网比作一个城市,每个格网方块代表着一个家庭或一块用地。2 种(或 3 种)不同的色块代表着社会中的不同组织的智能体。规则

---

① Coucelis H. Modelling Frameworks, Paradigms, and Approaches[M] // Clarke K C, Parks B E, Crane M P. Geographic Information Systems and Environmental Modelling. Upper Saddle River: Prentice Hall, 2002: 36-50

设定某个智能体在当前的定位点上是否快乐,如果它不快乐,它会离开网格上的定位点而另外寻找能使它快乐的定位点,也可能完全离开整个格网区域。而决定智能体是否快乐的因素就是它的邻域。邻域类型为摩尔邻域。规则设定可以由用户根据情况设定。例如,可以假定智能体邻域数为8时,小于或等于3个异种族成员存在,此时智能体是快乐的。若异种族成员达到4个时,则智能体是不快乐的,那么结果就是该智能体离开定位点,在附近寻找能使它保持快乐的定位点,若始终找不到,则退出此区域。

在模型程序运行后,结果显示了系统可以达到稳定态,并具有强烈的社会分离图式。谢林的社会分离模型是以简单规则产生复杂行为为代表的复杂自适应系统涌现图式的典型案例。谢林模型虽然很简单,但却反映了在城市化过程中居住空间分异的基本过程。诺克斯在分析住房邻里变化时指出,对于家庭的迁移行为,其搜索范围不是覆盖整个城市或者是整个住房市场,而仅仅是在家庭的意识空间范围内,这是行动空间和信息空间作用的结果①。谢林模型的局部效应所反映的正是现实中的局部邻里变化模式。

巴蒂为了使谢林的社会分离模型更加接近于现实,对模型进行了改进。结果显示大城市居住区的这种效果反映了人们期望周围居住的是同种邻域的现实。模型的结论是城市内居民更倾向于向种族和社会方向隔离②。很多智能体模型都是受到谢林模型的影响,并对他的思想不断延伸。弗莱契(A. Flache)用维罗尼划分空间的方式,改变邻域的结构与大小研究谢林模式。弗莱契探讨了种族与收入的关系,两者如何交互以产生和维持隔离的邻域。在模型内部,智能体被给予一个种族和收入,模型观察智能体移动到邻域的概率。当然,世界比模型描述得更复杂。在现实中,不是每个人都有能力迁移,人们在城市中也不是随机分布。但这并不破坏谢林的中心思想:隔离会发生在较温和的个体偏好上③。

4.6.2　糖域模型的扩展研究——城镇体系的形成与结构网络研究

巴蒂以糖域模型为基础,结合群集算法,通过智能体的活动模拟宏观城镇体系中城市规模分布结构的形成过程。基本模型较简单,采用200×200的网格作为活动空间,为智能体设置一个出发地和目的地(即资源所在地),类似于蚂蚁寻找食物的过程,1 000个智能体的出发地均为网格的中心。在城市研究中,将智能体视为人,出发地暗示人进入就业市场时的所在地,目的地视为能够提供就业市场的目的地,这个过程就像人寻找理想的工作场所获取最大收益的过程。模型设定新智能体学习和寻找资源的方式是依赖已有的智能体所留下的信息资源,每次迭代计算后,都记录了智能体的行走路径,通过路径的重复率观察是否寻找到资源地。模拟初期,新智能体由于缺乏信息资源无法找到目的地而处于随机行走的状态,随着时间的进化,部分智能体在随机行走过程中找到了资源地并留下了信息,信息累积到一定程度后,越来越多的智能体可以找到资源地的路径。

上述模型显示出正反馈机制在全局结构秩序中所产生的作用。由于模型中出发地和目的地是固定的,无法描述城镇体系中城市及村镇动态变化的过程,因此,在这个基本模型基础上,后期模型进行了修改,包括出现了多个固定的资源地,以及根据模型在迭代过程中的累积信息和状态,不断增加新的智能体和新的资源地等不同的模式。而不断增加新的智能体和新的资源地模式更

---

①　[美]保罗·诺克斯,琳达·迈克卡西.城市化[M].顾朝林,汤培源,杨兴柱,等,译.北京:科学出版社,2008:419

②　Batty M. Cities as Complex Systems — Scaling, Interactions, Networks, Dynamics and Urban Morphologies [M]. In: The Encyclopedia of Complexity & System Science. Berlin: Springer, 2008

③　Crooks A T. Constructing and Implementing an Agent-Based Model of Residential Segregation Through Vector GIS[C]. Working Paper Series 113 of Centre for Advanced Spatial Analysis. London: University College London, 2008

加接近于真实城镇体系。随着时间的演化，通过智能体在新旧资源地之间的流动和变化隐喻城镇体系中城市与村镇网络结构关系的不断变化过程。资源地的扩散系数设定可以反映出以工业为主导的城镇或是以服务业为主导的城镇对居民的吸引力。另外，模型还增加了一个干扰系数，使整个城市空间演化过程带有一定的随机性和多态性。

模型对位序—规模率理论进行了验证，在模型的初期阶段，位序与人口的比例关系较接近于位序—规模率理论，而在演化的后期，曲线会越来越平。

4.6.3 城市居住用地的扩展与蔓延模型

金(D. Kim)结合微观经济学，通过多智能体建模构建了居住用地区位选择的城市动态增长模型[①]。研究重点放在宏观与微观两个方面。宏观是反映城市发展，包括区域发展的多交通模式和区域规划与控制(例如城市控制绿环)等等。微观是反映局部外部性效用，包括居住区周边的绿色空间、人口密度和组成以及公共服务设施等。居住区位的选择是达到效用最大化。

黎夏等以广州海珠区作为实验区，模拟了该地区 1995—2004 年之间的居住用地空间演变过程[②]。空间数据包括遥感数据和 GIS 数据。多智能体包括居民智能体、房地产商智能体和政府智能体。由于居住人口用地变化较复杂，模型进行了简化，只考虑常住居民智能体的行为。房地产商智能体倾向于在居民集中区域做开发投资，政府智能体只起宏观调控作用，没有空间属性。模拟结果表明多智能体模型在模拟较为成熟、复杂的城市时，比元胞自动机有更高的精度和更接近实际的空间格局。

4.7 结语

城市模型的发展历史，经历了从静态模型走向动态模型的过程。静态模型寻求的均衡结构是建立在城市经济学和社会物理学的基础之上的，而动态模型的理论框架则是以复杂系统为背景。作为动态系统的普适模型框架，基于元胞自动机和智能体的建模具有广泛的应用范围。从上述分析来看，元胞自动机模型更适用于城市形态的研究，一直讨论的城市元胞自动机案例很多是与 GIS 结合的基于单元格的空间模型，模型的邻域结构调整和校准过程已使元胞自动机的涌现特征几乎不可能出现。城市元胞自动机对于模拟城市形态增长、城市蔓延有较好的效果，但对于城市增长的过程、成因，尤其是由于个体的相互作用导致形态变化的成因缺乏解释和描述。

基于智能体技术的建模当前更多是应用于微观城市空间领域，但智能体的概念却是宽泛的，智能体并不一定指代人，它也可以指代变化的场所对象[③]。从这个意义上而言，智能体比元胞自动机或单元格的空间模型的框架更大。而基于智能体建模将成为城市动态模型的主体思想。

由于智能体建模在城市空间中的应用仅仅是刚刚起步，目前面临着多种困境和矛盾。主要表现在基于智能体建模是一个思想框架，没有特定的软件系统。建模者依据这个基本思想框架，结合自己的编程能力来构建具体模型。城市空间充满着异质和丰富的内涵，影响城市空间发展的因

---

① Kim D, Batty M. Modeling Urban Growth: An Agent Based Microeconomic Approach to Urban Dynamics and Spatial Policy Simulation[C]. Working Paper Series 165 of Centre for Advanced Spatial Analysis. London: University College London, 2011

② 黎夏，叶嘉安. 地理模拟系统：元胞自动机与多智能体[M]. 北京：科学出版社，2007：272

③ Batty M. A Generic Framework for Computational Spatial Modeling[C]. Working Paper Series 164 of Centre for Advanced Spatial Analysis. London: University College London, 2010

素更是多种多样，如何反映城市空间的异质与多样性是基于智能体建模遇到的最大问题。从城市空间演化的角度出发，不仅存在着自下而上的空间自组织过程，也存在自上而下的规划、控制和管理的过程。基于智能体建模的思想框架适用于基于邻域的局部空间自组织过程，对于城市结构与形态的预测能力较差。

巴蒂总结了有关城市空间的 6 类模型①，将元胞自动机划为多智能体建模的子类，提出要解决当前智能体建模在城市空间应用中的主要问题应朝着综合的方向发展，尤其要注意其与土地利用交通交互模型的结合。

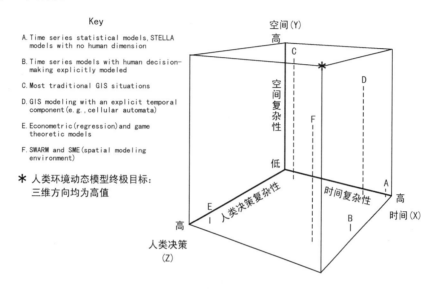

图 4-2　与城市及其环境相关联的模型分类及目标②（C 为 GIS 模型，D 为与 GIS 相结合的元胞自动机模型，F 为基于智能体的模型，终极目标是在空间维、时间维、人类决策维 3 个方向均为高值的 ＊ 点）

从当前整个研究领域来看，元胞自动机和多智能体模型流行于城市研究的领域（如图 4-2），而当前的关注重点已从发展初期的"预测"城市未来的发展转向"告知"城市未来的发展。地理计算提出了多种新技术，导致新的数据集不断涌现，这些也促使新的研究方法不断产生并被测试，很多的数据都是个体动态行为数据。这些新的技术、研究方法和数据集正在不断地融合构成一个有关城市新科学的方法框架——城市科学③。虽然目前这种新科学的方法框架还处于发展初期，但以目前的发展速度，在不远的将来，城市科学将渗透到城市研究的各个领域。

---

①　这 6 类模型分别是土地利用交通交互模型（Land Use Transportatoin Interaction Models，简称 LUTI）、元胞自动机模型、多智能体模型、系统动力学模型（Systems Dynamics Models，简称 DSM）、空间经济学模型（Spatial Econometric Models，简称 SEM）和微观模拟模型（Micro-simulation Models，简称 MM）。参见 Batty M. Urban Modeling[C]. In：Kitchin R, Thrift N. eds. International Encyclopaedia of Human Geography. Oxford：Elsevier，2009，12：51-58

②　Agarwal, C, Green G M, Grove J M, et al. A Review and Assessment of Land-Use Change Models：Dynamics of Space, Time, and Human Choice[R]. The Center for the Study of Institutions, Population, and Environmental Change at Indiana University，2002

③　Batty M. Building a Science of Cities [C]. Working Paper Series 170 of Centre for Advanced Spatial Analysis. London：University College London，2010

5 城市元胞自动机和多智能体技术平台

5.1 SLEUTH 模型平台

　　SLEUTH 是克拉克在美国地质勘探局和美国国家科学基金会资助下开发的一个城市增长元胞自动机模型[1][2]。SLEUTH 是数据层(Slope, Landuse, Exclusion, UrbanExtent, Transportation, Hillshade)的首字母缩写,是城市增长模型(UGM)和土地利用/土地覆盖 Deltatron(DLM)模型的集成。该项目是美国全球变化研究项目之人类土地利用转换子项目的一个部分,用于评估未来由于城市变化导致的生态与气候的影响,涉及区域包括华盛顿、巴尔的摩、旧金山海湾区域等。两个子模型可以独立运行,也可以一起运行。当模型中包含土地利用数据时,才会启动 DLM 模型。模型的假设前提是未来城市的发展形态是基于过去城市演化趋势得到的,并假设历史的增长趋势是持续的过程。

　　SLEUTH 模型包含 3 个模块,分别为测试模块、校准模块和预测模块。测试模块用于确保模型的正确编译和运行。校准模块和预测模块是模型的主体,用于预测城市未来的增长。校准模块通过历史时期城市增长和土地利用变化寻找城市增长的最佳系数。预测模块则是基于校准模块的最佳拟合系数的基础,探寻城市未来的发展形态和结构。

5.1.1　SLEUTH 模型运行平台

　　SLEUTH 模型由 C 语言编写。源程序是公开的,可在其官方网站[3]上下载。2005 年较新的 SLEUTH 模型版本可在 Linux 操作系统或 Cygwin 上运行。运用 SLEUTH 对城市建模,要求建模人员具备 C 语言编程、地理信息系统的数据准备、元胞自动机建模和土地利用建模等等综合能力。

5.1.2　模型增长环

　　增长环是模型运行基本的单位,在 SLEUTH 模型中以"年"为单位。增长环的运行首先需要设定增长系数,在系数确定的基础上城市增长才可以发生,增长环运行结束时,模型通过自修改规则判定增长过程是否超过阈值,并进而确定是否进行增长过程的自我修正。

---

　　① Clarke K C, Hoppen S, Gaydos L. A Self-Modifying Cellular Automaton Model of Historical Urbanization in the San Francisco Bay Area[J]. Environment and Planning B: Planning and Design, 1997, 24(2):247-261

　　② Clarke K C, Gaydos L. Loose-Coupling a Cellular Automaton Model and GIS: Long-Term Urban Growth Prediction for San Francisco and Washington/Baltimore[J]. International Journal of Geographical Information Science, 1998, 12(7):699-714

　　③ http://www.ncgia.ucsb.edu/projects/gig/Dnload/download.htm

5.1.3　模型增长规则

SLEUTH 模型的增长规则分为 4 种增长(图 5-1、图 5-2)。

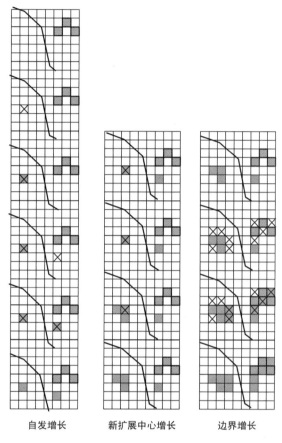

自发增长　　　　新扩展中心增长　　　　边界增长

图 5-1　几种增长模式

1) 自发增长

自发增长指非城市化元胞转化为城市化元胞,其转化能力取决于元胞自身状态值。扩散系数的设定会影响到自发增长的概率,此外,坡度系数也有可能对转换概率产生影响。

2) 新扩展中心增长

新扩展中心增长决定了自发增长的元胞能否成为新的城市扩展中心。该增长模式受到繁衍系数的影响。若自发生成的城市化元胞的 8 个邻域中有两个或两个以上元胞已经成为城市元胞,繁衍系数大于前一过程产生的随机数,同时在满足坡度条件的情况下,该元胞发展为新的扩展中心。繁衍系数越大,会有越来越多的城市元胞发展为城市中心。

3) 边界增长

边界增长指在原有的城市中心或新增的城市中心边缘向外的城市增长过程。该增长模式受到传播系数的控制。类似于新扩展中心增长模式,城市化元胞的 8 个邻域中有两个或两个以上元胞已经成为城市元胞,传播系数大于前一过程产生的随机数,同时在满足坡度条件的情况下,非城市化元胞转化为城市化元胞。传播系数越大,城市边缘增长过程越显著。

4) 受道路影响增长

受道路影响增长指已存在的交通基础设施对城市化过程产生的增长作用(图5-2)。增长过程通过 3 个步骤实现。

步骤 1:通过繁衍系数定义增长概率后,假设一个新的城市化元胞被选择,在该元胞的邻域搜寻范围中发现了一条道路(搜寻范围由道路引力系数决定),一个临时城市元胞生成,位于最接近于选择的城市化元胞的道路点上。

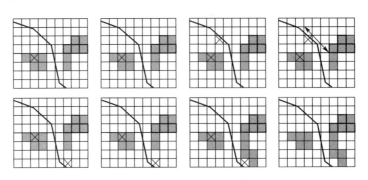

图 5-2　受道路影响增长①

步骤 2:临时城市元胞沿着道路随机游走,游走的步数由扩散系数决定。临时城市元胞最后定位点为新扩展中心。若该扩展中心具有非城市化邻域元胞,并且这些非城市化邻域元胞满足坡度要求,则这些元胞转变为城市化元胞。

从上述步骤可以看出,道路影响增长模式会同时受到道路引力系数、扩散系数、传播系数及坡度系数等的共同作用。

5) 增长自修改规则

为了反映城市非线性的增长过程,模型还设置了自修改规则。自修改规则首先确定城市的增长率。增长率指在一年的时间内 4 种增长模式的总和。增长率设定一个高限阈值和低限阈值。由于增长系数控制着增长模式,因此扩散系数、繁衍系数和传播系数也决定了增长率的阈值。当城市的增长速度超过高限阈值时,自修改规则规定扩散系数、繁衍系数和传播系数与一个倍增系数相乘,即通过再提高上述 3 个系数值提高城市的增长速度。同样,当城市的增长速度低于低限阈值时,自修改规则规定扩散系数、繁衍系数和传播系数与一个倍减系数(该值小于1)相乘,即降低城市的增长速度,显示城市的衰落过程。

SLEUTH 模型的增长规则基本反映了城市自组织过程中的几种增长模式。不同的城市由于历史、自然、人文等因素的作用,可能会有不同的城市增长模式和过程。因此,为了模拟特定城市的增长与空间发展过程,需要深层次了解模型中各类增长系数对城市增长所产生的算法影响,在可能的前提下,修改程序算法,以获得特定城市的增长规则。

5.1.4　模型增长系数

模型设定 5 种增长系数,用以控制城市增长过程。

1) 扩散系数

扩散系数控制城市由非城市化用地转化为城市化用地的数量。扩散系数与自发增长及道路影响增长模式都有关联。用数学公式表达为:

---

① 资料来源:http://www.ncgia.ucsb.edu/projects/gig/About/gwRoadInflu.htm

$$d_{\text{value}} = (diffusion\ coeff * 0.005) * \sqrt{rows^2 + cols^2}$$

其中,d_{value}为扩散值,$diffusion\ coeff$为扩散系数,$rows$为图像尺寸的排数,$cols$为图像尺寸的列数。扩散系数介于0～100之间。根据上式,当扩散系数为100时,扩散值应为图像对角线的1/2。

2) 繁衍系数

繁衍系数控制城市新的扩展中心生成的数量,系数介于0～100之间。系数越大,随机生成的扩展中心越多。

3) 传播系数

传播系数控制自发增长及道路影响增长的随机生成城市元胞数量,系数介于0～100之间。系数越大,随机生成的城市化元胞越多。

4) 道路引力系数

道路引力系数控制道路影响增长模式。一个已城市化元胞的最大邻域搜索范围用数学公式表达为:

$$r_{\text{value}} = \left(\frac{road\ gravity\ coeff}{Max\ road\ value} \right) * \left[(rows + cols)/16 \right]$$

其中,r_{value}为道路引力值,$road\ gravity\ coeff$为道路引力系数,最大道路值为100。$rows$为图像尺寸的排数,$cols$为图像尺寸的列数。

当$r_{\text{value}} = 1$,已城市化元胞的最大邻域搜索范围为周围8个邻域元胞。

以此类推,当$r_{\text{value}} = 2$,已城市化元胞的最大邻域搜索范围为周围16个邻域元胞。

生成的临时游走城市元胞最大游走距离用数学公式表达为:

$$\max_{\text{search}} = 4 * \left[r_{\text{value}} * (1 + r_{\text{value}}) \right]$$

其中,r_{value}为道路引力值。

5) 坡度系数

坡度系数控制了城市化元胞的多个增长模式。较低的地形坡度适宜于城市建设,较高的坡度不再适宜于城市建设。我国《城市用地竖向规划规范》(CJJ 83—1999)明确规定城市各类建筑用地最大坡度不超过25%。因此,可以在模型中设定坡度阈值为25。为了表现坡度与城市发展之间的非线性关系,坡度系数充当了一个倍增器的作用。坡度系数越高,城市化概率越高(图5-3)。

总之,5种增长系数虽然各有各的作用,但在应用于城市增长时,并不是独立的概念,而是相互之间发生影响和关联。

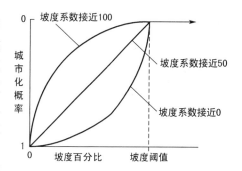

图5-3　坡度系数与城市化关系[1]

5.1.5　模型数据

模型至少需要5种栅格地理数据类型来预测和校准城市增长,若增加土地利用数据层,则可以启动Deltatron模型。栅格地理数据通过地理信息系统的软件(ArcInfo,ArcGIS等)获得。5种基本栅格地理数据类型分别是坡度图层、排除图层、城市范围图层、道路交通图层和背景阴影图

---

① 资料来源:http://www.ncgia.ucsb.edu/

层。栅格地理数据要求 8 位灰度 GIF 图像,并具有同样的范围、同样的投影和分辨率。

坡度和阴影图层可通过地理信息系统软件的数字高程模块获得。排除层用于定义限制城市化区域的空间,例如水体、湿地、公园、娱乐用地等土地利用类型往往是不能用于城市化的区域。取值范围为 0~255,0 代表可以完全城市化的区域,像元值大于 100 的区域被认为不可城市化。在城市规划中,经常设定需要保护的空间区域,例如农田或历史保护区域,可以根据情况设定特定区域的像元值,该值越趋向于 0,城市化概率越高,越趋向于 100,城市化概率越低,以此引导模型的空间演化。

城市范围图层是通过二进制分类数据表示的,取值范围为 0~255。0 表示非城市化区域,大于 0、小于 255 的整数值表示城市化区域。城市范围图层的确定主要通过数字化城市发展各个历史时期的城市现状图或城市遥感地图获得,模型至少需要 4 个不同时段的城市范围图层。

道路交通图层是为了表达道路的延伸对城市增长产生的作用。很多城市空间发展是伴随着道路的延伸增长而不断增长扩大的。为了反映道路在城市增长中的作用和影响,必须输入城市发展不同时段的道路图层。道路交通图层不一定是一个二进制数,可以根据道路相对可达性定义道路权重。新版本的 SLEUTH 模型有一个有关道路权重计算的补丁程序(参见模型源程序)。该补丁程序定义权重值较大的道路生成的临时扩展中心游走半径更大,而权重值较小的道路生成的临时扩展中心游走半径更小。因此,权重值小的道路对城市化的影响只表现在局部小空间中。用数学公式表达如下:

$$run_{value} = \left(\frac{road(i,j)}{max\ road\ value} * diffusion\ coefficient \right)$$

其中,run_{value} 为临时城市中心元胞延道路网络游走的最大步数,$road(i,j)$ 为道路像元值,假设 $max\ road\ value = 100$,$diffusion\ coefficient = 100$,则游走的最大步数为道路像元值。

背景阴影图层仅作为空间演化的背景而存在,并不参与数据计算。若城市具有山地或地形,可以利用高程图生成阴影图;若城市有水域,可以将水域增加到阴影层中:目的只是使空间演化生成的图更加真实。

另外,除了上述模型数据规定,还需要在文件命名中采用统一的格式。

5.1.6 模型运行原理与数据校准

1)模型运行原理

模型对数据的校准采用穷举算法(Brute Force)。穷举算法是指从可能的解集合中枚举各元素,用设定的条件判定各元素是否有用,若命题成立,即为其解。穷举算法的特点是算法简单,但运行时间较长,尤其是当数据量较大时,运行时间更长。因此,需要提出逐渐缩小数据搜索范围的方法。只有逐渐缩小数据范围,才可能缩短运行时间,提高运行效率。其做法是将数据的校准通过多个步骤来进行,每个步骤结束后进行数据的整理和排序,提取质量较高的数据进行下一个步骤运行,排除数据重复出现的解。

在模型运行中,还运用了蒙特卡洛方法。蒙特卡洛方法又称统计模拟法、随机抽样技术,是一种随机模拟方法。它是以概率和统计理论方法为基础的一种计算方法。该方法可以使用随机数(或更常见的伪随机数)来解决很多计算问题,将所求解的问题同一定的概率模型相联系,用电子计算机实现统计模拟或抽样,以获得问题的近似解。

2)模型校准

由于 5 个增长系数的取值范围均为 0~100,可能的系数组合范围很大。如何确定 5 个增长系数是建模最为关键的步骤。由于校准必须采用 GIF 图像格式,因此将不同数据图层的 GIF 图像保存为不同分辨率的图像用于模型的数据校准。

数据校准步骤(1):粗校准

粗校准中,采用分辨率最低的图像。例如最后输出图像的分辨率为500*500,则用于粗校准的图像分辨率约为500的1/4,采用100*100的图像分辨率。5个增长系数的取值范围初始值为0,终止值为100,步数为25。增长系数的增值范围可以以25为单位,即0、25、50、75、100。蒙特卡洛可取4。

粗校准程序运行结束后,统计数据传至指标数据文件。提取指标数据文件,通过数据排序,进一步缩小5个增长系数的取值范围。

数据校准步骤(2):精校准

将在粗校准中的取值范围作为基准,再次运行模型。采用的图像应比粗校准的图像分辨率要大一些,例如200*200。增长系数的增值范围可以以5~10为单位,即25、30、35、40、45、50。精校准程序运行结束后,统计数据传至指标数据文件。提取指标数据文件,通过数据排序,进一步缩小5个增长系数的取值范围。蒙特卡洛值可取6。

数据校准步骤(3):最后校准

将在精校准中的取值范围作为基准,最后运行模型。增长系数的增值范围可以以1~3为单位,并运行全尺寸图像。提高蒙特卡洛值为100。

校准后的模型参数输出到指标文件。将校准后的参数用于模型的预测和演化。

3)统计数据与校准指标

模型的运行分为3种模式:测试、校准和预测。不同的运行模式会生成不同的统计数据文件。模拟数据的测度,包括城市边界数量、城市簇群的数量以及城市化像素点,被输入到 avg. log 文件中。城市边界经过多次蒙特卡洛迭代计算后的均值输出到 control_stats. log 文件,均值的标准误差输出到 std_dev. log 文件。avg. log 文件中的参数值提供作为最后模型的预测和演化的参数参考值。coeff. log 文件记录了每次迭代计算后的增长系数值。

模型的校准指标数有13种,较为常用的有以下几种[1]:

(1)比较(Compare) 最后一年模拟的城市化像元总数与真实城市最后年份城市化像元总数之间的比值。

(2)总数(Population) 模拟的城市化像元总数与真实的城市化像元总数比值的最小平方回归值。

(3)边缘(Edge) 模拟的城市化空间数据边缘数与真实城市数据控制年边缘数的比值的最小平方回归值。

(4)城市簇(Clusters) 模拟的城市化空间数据簇数与真实城市数据控制年簇数比值的最小平方回归值。

(5)城市簇大小(Clusters Size) 模拟的城市化空间数据簇数的平均尺寸与真实城市数据控制年簇数的平均尺寸的最小平方回归值。

(6)坡度(Slope) 模拟的城市化空间数据坡度值与真实城市数据控制坡度值的最小平方回归值。

(7)形态对比(Lee-Sallee) 用于衡量模拟城市与真实城市空间数据形状匹配程度,也是模拟城市面积与真实城市面积之间的空间交集与并集的比值,除以模拟的时间跨度。

(8)城市化百分率(%Urban) 模拟城市化像素与真实城市化像素百分比比值的最小平方回归值。

(9)X平均(X-mean) 模拟城市化像元的平均X坐标值与真实城市化像元的平均X坐标值比值的最小平方回归值。

① Dietzel C,Clarke K C. Toward Optimal Calibration of the SLEUTH Land Use Change Model[J]. Transactions in GIS, 2007,11(1):29-45

（10）Y平均（Y-mean）　模拟城市化像元的平均Y坐标值与真实城市化像元的平均Y坐标值比值的最小平方回归值。

（11）半径（Rad）　模拟的城市化像元的圆形半径与真实城市化像元的圆形半径比值的最小平方回归值。

（12）F匹配（Fmatch）　土地利用种类之间的适配精度值（若没有土地利用分类，不会生成该值）。

在不同的项目中，具体采用哪一种指标作为模型的校准参数视情况，由建模研究人员而定。多数项目采用形态对比的指标作为主要参考指标，有些项目则采用综合指标数或是比较统计、总数与形态对比的乘积作为最终参考指标[①]。国内吴晓青等利用SLEUTH模型对沈阳市1988—2004年期间的城市扩展的模拟，采用ROC等方法对模型在总体预测能力、城市扩展数量、空间位置和空间格局上的模拟准确性给予评估[②]。除上述评估方法外，还可以利用Fragstat软件对生成的图像进行景观指数的侧度。

5.1.7　模型在城市增长研究中的应用潜力

SLEUTH模型自1996年首次应用于旧金山海湾区至今，已应用于国外多个国家的城市和区域，例如旧金山、华盛顿和马里兰等城市。在华盛顿、巴尔的摩的案例中[③]，结果显示城市系统在不同的时间阶段有着不同的城市增长行为。城市空间的自组织作用是通过局部环境的变化而逐步增加空间的适应性。例如，地形坡度的影响在旧金山的案例研究中作用很明显，而在华盛顿/巴尔的摩的案例中坡度对城市增长的影响很小，如图5-4所示。

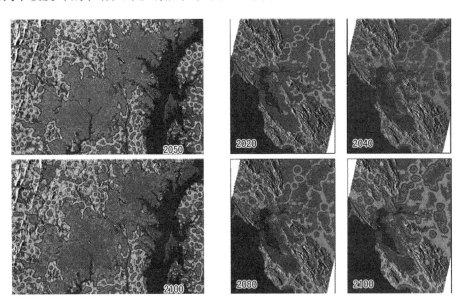

华盛顿/巴尔的摩地区城市增长模拟　　　　旧金山未来城市增长模拟

图5-4　SLEUTH模型案例[④]

①　Dietzel C，Clarke K C. The Effect of Disaggregating Land Use Categories in Cellular Automata During Model Calibratrion and Forcasting[J]. Computers，Environment and Urban System，2006，30(1)：78-101

②　吴晓青. SLEUTH城市扩展模型的应用与准确性评估[J]. 武汉大学学报（信息科学版），2008，33(3)：293-396

③④　Clarke K C，Gaydos L. Loose-Coupling a Cellular Automaton Model and GIS：Long-Term Urban Growth Prediction for San Francisco and Washington/Baltimore[J]. International Journal of Geographical Information Science，1998，12(7)：699-714

斯瓦(E. A. Silva)在 SLEUTH 模型的应用中提出了城市遗传基因的概念①,表达通过城市元胞模型寻找真实城市增长规律的含义,并将 SLEUTH 模型应用于葡萄牙的里斯本②。

SLEUTH 是基于城市元胞自动机的动态城市空间模型,其优势在于将现实城市发展的一些统计方法与元胞自动机相结合,引入了城市发展过程中自上而下的政府对城市用地的控制作用,例如直接引入排除图层。该模型较适用于城市呈扩散发展的模式格局,在城市空间规划方面具有很大的潜在应用价值。泰能(S. Iltanen)用 SLEUTH 模型做了赫尔辛基的城市增长模拟应用③都凤明等利用 SLEUTH 模型对沈阳—抚顺都市区进行了城市规划预案的设计,然后利用校正系数,预测 2005—2050 年沈阳—抚顺城市空间增长和土地利用变化情况,比较在不同预案下的城市空间格局和区域景观变化④。冯徽徽等运用 SLEUTH 模型,结合 GIS、RS 技术,对东莞市区 1990—2003 年城市增长情况进行历史重建,同时预测到 2030 年的城市增长情况⑤。

5.2　多智能体技术平台

无论是具有自我调整能力的元胞自动机还是智能型的元胞自动机,实质是元胞已经并非传统意义的元胞,而是具有智能的元胞。多数学者开始转向多智能体建模的方法,原因是智能体的主要特征就是其自治和决策能力。周成虎认为元胞自动机虽然在理论上具备计算的完备性,但满足特定目的构模尚无完备的理论支持,其构造往往是一个直觉过程。用元胞自动机得到一个定量的结果非常困难,即便是可能的话,元胞自动机也将陷入一个尴尬境地,元胞自动机的状态、规则等构成必然会复杂化,从而不可避免地失去其简单、生动的特性⑥。

智能体模型的优势是可以表现出空间决策和学习的能力,并能对环境的变化做出适应性的反应,缺点是缺乏空间的概念,因此,较为理想的城市模型是通过元胞自动机模拟城市环境,多智能体模型模拟人的决策与交互。城市的宏观空间格局是由局部的空间自组织作用、人的决策与交互过程共同决定的。元胞自动机与多智能体的结合可以弥补各自的不足和缺陷,形成更宏观、更全面的模型框架。同时,元胞自动机、多智能体和 GIS 的结合也成为发展的必然。三者的结合一方面可以为 GIS 增强时空分析功能,另一方面可以为动态模型增强数据处理和可视化能力,为更复杂的城市建模创造条件。

综合了 GIS 的多智能体系统建模平台有 Swarm、Repast、Ascape、CORMAS 等等。Swarm 是圣菲研究所于 1994 年开发的,平台包含了很多的标准类库,通过调用类库完成多智能模型建模。Repast 是由美国芝加哥大学经济科学试验室开发,继承了 Swarm 的功能,早期的版本就是在 Swarm 的基础上用 Java 编写的。在 Repast 中开发的中间件 Agent Analyst⑦ 就是 GIS 与多智能体建模相结合的一个研究平台,在嵌入了 Agent Analyst 的 ArcGIS 环境中,既能观察真实空间环境特征(例如,街道系统)对智能体活动产生的影响,又能在模拟运行过程中收集每个智能体的特征数据,考察智能体在行为规则基础上所做出的独立决策,甚至可以通过修改参数、重复实验的方法考察模型运行结果的差

①　Silva E A. The DNA of Our Regions: Artificial Intelligence in Regional Planning[J]. Futures, 2004, 36(10): 1077-1094

②　Silva E A, Clarke K C. Calibration of the SLEUTH Urban Growth Model for Lisbon and Porto, Portugal[J]. Computers, Environment and Urban Systems, 2002, 26(6): 525-552

③　Iltanen S. Urban Generator — Kaupunkirakenteen Kasvun Mallinnusmenetelmä[M]. Tampere: Tampere University of Technology, Juvenes Print, 2008

④　郜凤明,胡远满,贺红士,等. 基于 SLEUTH 模型的沈阳—抚顺都市区城市规划[J]. 中国科学院研究生院学报,2009, 26(6): 765-772

⑤　冯徽徽,夏斌,吴晓青,等. 基于 SLEUTH 模型的东莞市区城市增长模拟研究[J]. 地理与地理信息科学,2008, 24(6): 76-79

⑥　周成虎,孙战利,谢一春. 地理元胞自动机研究[M]. 北京:科学出版社,1999:44

⑦　http://www. institute. redlands. edu/agentanalyst/agentanalyst. aspx

异,并以此分析属性特征对智能体的决策产生的影响。

本书西递案例采用了 Repast 多智能体系统建模平台,并以 Java 为编程语言。以下对 Repast J 做简要讨论。

5.3　Repast 技术平台

Repast[①] 由芝加哥大学开发,由 Repast Simphony (Repast S)提供 Repast J 或 Repast. Net 的所有核心功能(限定于 Java 开发)。Repast 有 3 种程序语言执行模型:Python (Repast Py)、Java (Repast J)和 Microsoft. Net (Repast. Net)。3 个部分均是免费开源工具包,研究经费部分来源于美国阿贡国家试验室,目前由非营利部门 ROAD (Repast Organization for Architecture and Development)管理,研究人员涉及政府部门、高等院校以及工业部门等等多个领域。高级模型需要在 Repast J 中用 Java 编写,或者在 Repast. Net 中用 C♯ 编写。Repast 提供了多个类库,用于创建、运行、显示和收集基于主体的模拟数据,并提供了内置的适应功能,如遗传算法和回归等。它包括不少模板和例子,具有支持完全并行的离散事件操作、内置的系统动态模型等诸多特点。Repast 拥有相对较大的用户组织以及系统网站上大量的帮助文件和范例模型。

5.3.1　Repast 程序的加载和运行

Repast 程序的加载可以有多种方式。一种方式是将已开发的模板程序拷贝到计算机硬盘上,通过命令行加载。例如,在 Windows 操作系统中,将系统文件拷贝到 C 盘上,则在命令行输入:

java -jar c:\Repast\lib\Repast. jar

运行程序的前提条件是 Java 虚拟机可以找到 Repast 类库的具体方位。另一种方式是通过 Repast Simphony (Repast S)调用,因为 Repast S 提供了 Repast J 的所有核心功能。程序成功加载后,会出现 Repast J 的工具栏。如图 5-5、5-6 所示。

图 5-5　Repast J 的工具栏

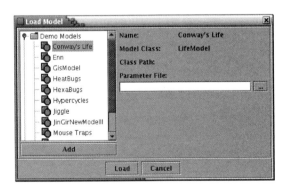

图 5-6　Repast J 的已建模型调用

---

① 参见 http://Repast. sourceforge. net/

5.3.2 程序的参数设定

参数用于创建模型运行时的初始值，也用于定义模型的初始环境。参数值由用户通过参数文件定义，但要求定义遵循基本的 Java 编程规范，如图 5-7 为西递案例显示的参数面板和参数设定。

5.3.3 模型建构原理

Repast 在城市建模中为用户提供了一个通用类模板——SimModelImpl。用户用 Java 程序所写的类和代码都部分继承了这个类模板的属性。模板提供了建模过程中程序运行所需要定义的基本方法。这些基本方法包括：

1）基本变量和参数的定义

用户根据模型的参数，定义模型运行过程中需要用到的静态变量。

2）模板方法的定义，具体表现为以下 3 种方法：

（1）buildModel　该方法用于创建模型的模拟和表达，也用于定义智能体及其环境的关系设置。同时，该方法还可调用其他的方法用于模型的创建。

（2）buildDisplay　该方法用于模型的显示，有些模型若需要输出分析图或类似图表时，也需要在这个方法中定义。

（3）buildSchedule　该方法用于定义模型的调用时间和调用顺序，定义模型的状态。

3）基本的变量设置和提取方法

即用于调取变量数据的 get、set 方法。

4）启动用户界面的基本方法

基本方法包括调用参数方法、启动模型运行方法、清除模型运行方法、调用计划时程方法、获取模型名称方法等等。

5）自定义行为方法

与参数面板中的行为设定相关联，例如按钮、滑标和检查框的设置等内容的定义。

6）模拟特定方法

特定方法为用户自己定义的除基本方法外的一些方法，例如将返回的计算数据输出到某个文件中等类似的方法。

7）主程序运行的方法

即实现程序运行的 main 方法。

在西递案例中，buildModel 方法直接调用了地理信息系统中的模型，利用 Geotools 数据类的定义，创建了多智能体列表并对参数进行了设定，如图 5-8 所示。在清除模型运行方法定义中，为了不断更新显示需要将模型显示和智能体列表不断清空，如图 5-9 所示。

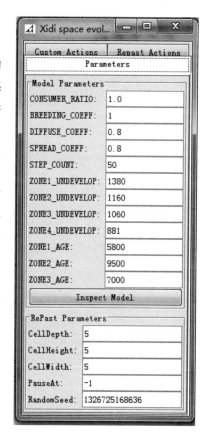

图 5-7　西递案例的参数面板和参数设定

```
public void buildModel(){
    System.out.println("Building model now........Please wait...");
    esriDisplay=ESRIDisplay.getInstance();
    gisHandler=GeotoolsData.getInstance();
    agentList=new ArrayList();
    Random.createUniform();

    agentList.addAll(gisHandler.createAgents(Agent.class, datasource));
    gisHandler.readNeighborhoodInfo(neighborhoodFile, agentList);

    for(int i=0;i<agentList.size();i++){
        Agent a=(Agent)agentList.get(i);
        a.setModel(this);
        a.setCONSUMER_RATIO(CONSUMER_RATIO);
        a.setBREEDING_COEFF(BREEDING_COEFF);
        a.setDIFFUSE_COEFF(DIFFUSE_COEFF);
        a.setSPREAD_COEFF(SPREAD_COEFF);
    }

    /*totalArea=0;
    for(int i=0;i<agentList.size();i++){
        if(((Agent)agentList.get(i)).getLanduse()==7){
            totalArea+=((Agent)agentList.get(i)).getArea();
        }
    }
    double totalConsumerProduction=totalArea*CONSUMER_RATIO;
    consumerLimit=totalConsumerProduction*0.5;
    System.out.println("ConsumerLimit is:"+consumerLimit);*/
}
```

图 5-8　西递案例的 buildModel 方法定义

```
@Override
public void setup() {
    // TODO Auto-generated method stub
    schedule=null;
    System.gc();
    esriDisplay=null;
    gisHandler=null;
    agentList=null;
    step_NUM=0;
    schedule=new Schedule();

    AbstractGUIController.CONSOLE_ERR=false;
    AbstractGUIController.CONSOLE_OUT=false;
    AbstractGUIController.ALPHA_ORDER=false;

    CONSUMER_RATIO=1.0;
    BREEDING_COEFF=1;
    DIFFUSE_COEFF=0.8;
    SPREAD_COEFF=0.8;
    STEP_COUNT=50;
    ZONE1_UNDEVELOP=1380;
    ZONE2_UNDEVELOP=1160;
    ZONE3_UNDEVELOP=1060;
    ZONE4_UNDEVELOP=881;

    step_NUM=1.0;
}
```

图 5-9　西递案例的清除模型运行方法定义

5.3.4　GIS 与 Repast 的结合

在城市建模中,智能体所处的环境不同于各类游戏(游戏的环境常常是规则网格)。智能体常常指代不断变化的地块,地块数据的存储、分析、管理通常在 GIS 中完成。Shapefile(Shp 文件)文件格式已经成为了地理信息软件界的一个开放标准。因此,Repast 模型开发出了在 Shp 文件中创建和修改智能体的类,主要包含两个种类的类库:数据类和显示类。数据类与显示类是关联和匹配的。

在西递案例中数据类采用的是 Geotools Data,而显示类则采用 EsriDisplay。

5.3.5　GIS 与基于智能体的建模——Agent Analyst

Agent Analyst 以中间件的形式提供了 ArcGIS 与 Repast 之间的关联。Repast 用于智能体规则的创建、对象支持以及时间序列的设置。ArcGIS 则用于数据创建、数据分析以及模拟的视觉化输出。通过 Agent Analyst，开发人员可以运用 ArcGIS 中的 Java 类库，将地理信息系统中的各种功能应用于基于智能体的建模中，如图 5-10 所示。

Data Class	Display Class
GeotoolsData	EsriDisplay
OpenMapData	OpenMapDisplay

图 5-10　两种不同的数据类和显示类

Agent Analyst 使用 Not Quite Python（NQPy）作为编程语言。NQPy 是一种面向对象的程序语言，也是一种语法简化了的 Python 语言。Agent Analyst 虽然并不使用 Java 作为编程语言，但却通过 JTS Topology Suite 实现基于地理信息系统的元素操作[1]。而 JTS Topology Suite 则是通过 Java 实现二维空间算法[2]。

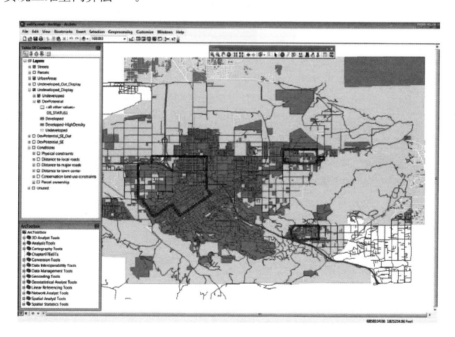

图 5-11　Agent Analyst 用于城市增长研究的界面[3]

5.3.6　邻域数据的获取

无论是元胞自动机还是多智能体模型，都需要获得邻域信息。元胞自动机模型通过编程和周边像元的像素值确定元胞周边的邻域状况。在 Repast 中，邻域数据主要通过 GeoDa 软件搜索周

① Johnston K M. AgentAnalyst — Agent-Based Modeling in ArcGIS[M]. New York：Esri Press，2013：342
② http：//www.vividsolutions.com/jts/main.htm
③ Johnston K M. AgentAnalyst — Agent-Based Modeling in ArcGIS[M]. New York：Esri Press，2013

边地块编号获取。GeoDa 是一个设计实现栅格数据探求性空间数据分析的软件工具。它向用户提供一个友好的和图示的界面用以描述空间数据分析,比如自相关性统计和异常值指示等。GeoDa 提供了几种邻域生成模式,例如纽曼邻域或是摩尔邻域。

在西递案例中,由于地块为居民的宅居地,局部邻域作用范围不大,因此选择的是摩尔邻域。GeoDa 软件生成的邻域图如图 5-12 所示。

5.3.7 结语

在城市建模中,基于多智能体技术的建模平台不同于元胞自动机模型。元胞自动机模型研究目标较为明确,即不可移动的城市地块作为研究主体,因此算法较为固定,可以形成较为成熟的软件包形式。对建模人员来说,只需要关注建模对象的空间行为研究,不需要过多地参与编程的工作。而基于多智能体技术的建模平台不仅需要将不可移动的城市地块作为研究主体,还需要研究可移动的智能体对象。因此,建模平台概念常常会非常抽象,只提供一些程序运行必要的方法框架,所有的内容需要建模人员根据不同城市的需要进行填充。这就对建模人员提出了较高的要求,不仅需要关注建模城市的空间行为研究,还需要考虑如何通过编程语言去实现城市空间行为的动态演变。

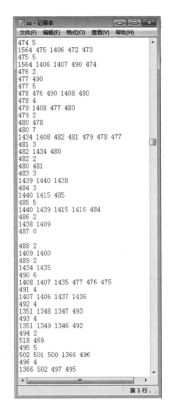

图 5-12 西递案例的邻域表

6 基于智能体建模的西递村落空间自组织演变模拟

6.1 西递的历史价值与研究意义

6.1.1 自然条件与历史价值

西递,古名西川,又称西溪,位于黟县东南部,距黟县县城 8 km,距黄山市中心城区(屯溪) 54 km。东邻休宁县,南与渔亭镇接壤,西与碧阳镇相邻,北与龙江乡相连,是黟县通往黄山风景区的主要通道。全镇土地总面积 77 km²,为中国 4A 级旅游胜地。

西递村被山峦丘陵环抱,并因水而得名,村内 3 条溪水均源自北边山麓。前边溪发源于九都岭,后边溪发源于松树山,金溪发源于冬生坞。前边溪、后边溪汇于双溪口的会源桥。

西递的明经胡氏家族相传是唐代皇族后裔,始迁祖为五世祖胡世良,与徽州其他众多的古村落一样,是一个以血缘关系为纽带、以徽商经济为支撑的聚族而居的村落。村落始建于北宋皇佑年间,发展于明朝景泰中叶,鼎盛于清朝初期,至今已有 960 余年历史。村落于上世纪 80 年代初期被古代民居联合考察团发现,2000 年与宏村一起被列为世界文化遗产保护对象。根据村落遗留的谱牒和历史的考证,西递的物质空间发展过程可以通过阶段性的生长演替来进行描述。村落虽多次遭到破坏,但基本保持原始的结构肌理和形态。

6.1.2 历史空间演化分析

据历史资料考证,西递村落的空间演化过程分为几个阶段。第一阶段为村落的定居阶段,第二阶段为村落的发展阶段,第三阶段为村落的鼎盛阶段,第四阶段为村落的衰落阶段,第五阶段为新中国成立后经历的多次破坏、修复和保护阶段。如图 6-1 所示。

• 阶段 1:定居阶段

明经胡氏最早定居在前、后边溪之间所夹的一片小高坡,名为"程家里"。从地理位置上看,古人选取的是狭长盆地中近水而又高于水的地势。村落的物质空间形态只是散居的宅居地形成的聚落,没有明确的道路、组团的区分①。

• 阶段 2:发展阶段

这一阶段的重要特征是出现了祠堂建筑,人口大幅度增加,村落中心由山地高坡转向沿前边溪古来桥与会源桥之间。敬爱堂与会源桥附近的元璇堂戏台成为村落活动的中心。从社会文化角度看,这个时期"崇商"的社会风尚蔓延,基本摆脱了传统的农业劳动,村落形态有了飞速的发展。聚族而居的宗族观念,使胡氏家族居住在村落中心地段,非胡氏的小姓氏只能居住在村外,形成"寄生型"村落。

---

① 段进,龚恺,陈晓东,等. 世界文化遗产西递古村落空间解析[M]. 南京:东南大学出版社,2006:9

• 阶段 3：鼎盛阶段

在该阶段，西递村人口规模进一步增大，住宅建设不断向南北延伸。村落主体与周边小型居住聚落形成了完整的聚居体系，展现出独特的村落群景观。根据历史资料，这个时期应为 14 世纪，并维持相当长的一段时间。

• 阶段 4：衰落阶段

清咸丰以后，改革使盐业起家并长期垄断经营盐业的徽商大伤元气。经济实力的衰退、政治保障的减弱，太平天国长年的征战与破坏，使西递村落的发展由盛转衰。村落宗族的限定淡化，外姓人也可迁入村内，原先的村落形态瓦解。

• 阶段 5：新中国成立后至今

新中国成立后，民居方面由于产权的变更将原有的宅院分得很零落，农业及手工制造业重新成为支柱产业。近 20 年来大力发展旅游，也在某种程度上破坏了原有的村落群景观。

6.2　西递村空间发展的自组织机制

6.2.1　自然地理条件约束下的村落空间结构的形态依赖

西递地势较狭长，夹于两列山脉之间，与地势平坦的横岗隔山而立。徽州古村落多为北方望族

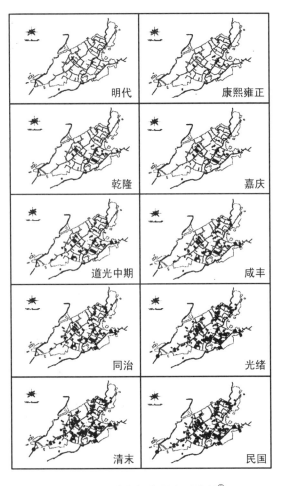

图 6-1　西递空间发展变迁分析[①]

避难迁居形成，由于"天人合一"的思想，村落的布局往往与地形和谐。随后的村落空间结构的发展基本按照原有的形态背景逐步扩展。所谓"形态依赖"是指城市空间结构的增长一般都基于原有的形态背景，其总体是一个不断修正的渐进过程，而空间形态的非稳定性又是激发空间结构增长的动力[②]。从早期的依山而居，到中期的逐水而居，再到后期沿街而居，村落的空间结构呈带状发展。带状空间延伸过长，必然带来空间生长的不经济性，因此村落空间自组织演化的"趋圆性"特征促使村落空间最终发展演化成为"船形"。村落空间形态的这种自生长特征是促使空间演化的内在持续动力。

村落空间结构的形态依赖可以从道路系统的生长推测分析图中解读。村落早期在程家里附近，住宅形态以散居为主，没有形成明显的巷道与组团。随着村落的发展，逐水而居的意向使得村落在古来桥和会源桥一线沿前边溪发展起来。敬爱堂的建立，使村落的重心向会源桥偏移。宗族逐步繁盛并产生分支后，道路的建设随着祠堂和宅居地的增加而继续生长，其中，九房的支祠分布可以作为巷道生长的重要参考信息。常春堂遭火患后迁至横路街口，此时的横路街应初具规模，两侧以成组团的大型宅院为主。巷道的布局逐渐摆脱水系的形态，转而向纵深发展。大路街的修建，"四家"一支连续几代在政治、经济上的繁盛，追慕堂、官厅的修建使村落的重心向北移动，大路

①　段进,龚恺,陈晓东,等.世界文化遗产西递古村落空间解析[M].南京:东南大学出版社,2006.

②　顾朝林,甄峰,张京祥.集聚与扩散——城市空间结构新论.东南大学出版社,2000:8

街成为繁华的商业、交通性道路。近年,通往黄山的省道为村落限定了北部边界①。

6.2.2 宗族体系导致村落空间结构非均质性

西递古村落的空间结构的发展经历了从定居、发展、繁荣到衰败的过程,在这样的一个自组织生长演替过程中,宗族观念起着异常重要的作用。陈志华在考察了浙江新叶村后,提出宗族关系决定内部结构的观点。村落结构映射宗族结构,血缘关系的亲疏直接反映出地缘位置的远近②。西递村宗族结构导致的空间结构非均质性表现在:

(1)村落的发展时期,祠堂出现,成为村落空间具有中心意义的点。村落住宅以祠堂为中心展开。宗族各分支成员的宅居地往往相对集中,以本支祠为心理和祭祀中心,各支祠又是以宗祠为心理和祭祀中心布置,如此形成层层相套的组团空间。戏台成为文化娱乐场所,根据记载主要集中在3处:一在本始堂前,背倚胡文光刺史牌坊(图6-2),朝东北向;一在双溪口,台倚前山,朝西北向;一在上厅坦,面向来水,亦朝东北③。

图6-2 西递胡文光刺史牌坊

(2)村落的繁盛时期,原以本始堂和敬爱堂2个重要祠堂和3个戏台为中心的格局被打破,原因是敬爱堂南侧的常春堂遭遇火患,迁至横路街街口,辉公祠与追慕堂的建立使大路街也逐渐成为村落的中心。即村落由单中心转化成了多中心的模式。

从非均质原理出发,村落空间结构的增长过程会受到各种因素的所用,或称为干扰效应④。在一定的干扰幅度内,村落空间结构的增长保持一种动态的均质平衡,但更多的则是在自然干扰和人为干扰的作用下发生非均质性的嬗变⑤。

6.2.3 风水、行为与文化推动的村落层级空间结构

对于风水的笃信与不同的理解,常常左右着徽州民居以及村落所具有的风格和特点。徽州古村落通常依山傍水而建反映的就是其风水的理念。村民宗族意识对村落结构最明显的影响便是"聚族而居"。从发展初期依山而建的、无明确道路系统的无序状态发展到沿河而居,有明确的道路系统和村落中心的有序状态,再发展到逐路而居,沿主体道路系统纵深发展的繁盛阶段,其演化过程反映了组织程度低到组织程度高的过程演化,表现为组织层次跃升的过程,是有序程度通过跃升得以提升的过程⑥。在这个过程中,村落层级空间扩展过程渗透的仍然是传统的封建等级、血缘的亲疏关系和宗法观念。以西递村为例,在村落初具规模时核心是敬爱堂和常春堂,住宅以两堂为核心散布两侧。后来,房派后代逐渐分支,在外围建造低一级支祠,支派成员居住在支祠附近。而与村落宗族无血缘关系的打工村民散居在村落外边缘,逐渐形成另一个小的层级和组团。随着宗族的不断发展,其嵌套式的层级空间结构逐渐形成,如图6-3所示。

① 段进,龚恺,陈晓东,等.世界文化遗产西递古村落空间解析[M].南京:东南大学出版社,2006:19
② 陈志华,楼庆西,李秋香.新叶村[M].石家庄:河北教育出版社,2003
③ (清)胡元熙《修壬派胡姓谱纪事》
④ 按不同的标准可将干扰类型分为随机性干扰、规律性干扰,瞬时干扰和长期干扰,局部干扰和全面干扰等。
⑤ 顾朝林,甄峰,张京祥.集聚与扩散——城市空间结构新论[M].南京:东南大学出版社,2000:10
⑥ 吴彤.自组织方法论研究[M].北京:清华大学出版社,2001:11

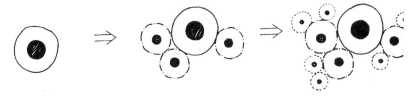

图 6-3　空间发展形成的等级空间体系[①]

6.3　村落空间增长可达性数据的因子权重分析

村落空间演化中,村落空间的增长主要表现为农业用地转化为村民宅居地,这个过程受到两方面作用:一方面来自土地的宏观或全局因素;另一方面来自土地的局部因素,例如,土地开发周边的邻域情况。

```
import java.io.File;
import java.util.ArrayList;
import java.util.Collection;
import java.util.Collections;

import uchicago.src.sim.engine.AbstractGUIController;
import uchicago.src.sim.engine.Schedule;
import uchicago.src.sim.engine.SimInit;
import uchicago.src.sim.engine.SimModelImpl;
import uchicago.src.sim.util.Random;

import anl.repast.gis.data.GeotoolsData;
import anl.repast.gis.display.ESRIDisplay;

public class XidiEsri extends SimModelImpl {
    int BREEDING_COEFF=1;
    double DIFFUSE_COEFF=0.8;
    double SPREAD_COEFF=0.8;
    double CONSUMER_RATIO=1.0;
    int STEP_COUNT=50;
    int ZONE1_UNDEVELOP=1380;
    int ZONE2_UNDEVELOP=1160;
    int ZONE3_UNDEVELOP=1060;
    int ZONE4_UNDEVELOP=881;
    int ZONE1_AGE=5800;
    int ZONE2_AGE=9500;
    int ZONE3_AGE=7000;

    Schedule schedule;

    ArrayList agentList;
    ArrayList agentListZ1;
    ArrayList agentListZ2;
    ArrayList agentListZ3;
    ArrayList agentListZ4;
    ArrayList agentListZ5;
    ArrayList birthList;
    ArrayList deathList;
```

图 6-4　程序设计参数设定

不同村落空间,土地的增长模式会有不同权重因子的设定(图 6-4)。西递村落将权重因子的设定分为 3 种情况:

1) 以地形坡度因素为主导的因子权重值设定

地形坡度因素的影响在发展早期较为显著。历史资料显示,村落发展初期村民选择依山而建的空间扩展模式。土地的开发主要分布在东北部程家里山坡附近,与山体的可达性距离、与邻域的关系以及与村落中心祠堂的可达性距离是这个时期的主要空间量化数据特征。用数学公式表达为:

$$r_{ijs} = \beta_1 d_{\text{center}} + \beta_2 d_{\text{mountain}} + \beta_3 d_{\text{neighbor}} \quad (6\text{-}1)$$

r_{ijs} 是场所 ij 土地在 s 状态下的适宜性,β_1、β_2、β_3 分别是各发展因子的权重。由于发展早期历史资料已无据可考,因此,模拟假设 $\beta_1 + \beta_2 + \beta_3 = 1$。邻域的发展因子 β_3 取 0.6,β_1 与 β_2 分别取 0.2。每块宅居地与山地的距离以及与中心祠堂的距离在地理信息系统中分别计算并输入其属性数据库。

2) 以河流因素为主导的因子权重值设定

这个时期的空间呈线性发展。可达性影响因素涉及与河流的可达性距离、与邻域的关系以及与村落中心祠堂的可达性距离。用数学公式表达为:

$$r_{ijs} = \beta_1 d_{\text{center}} + \beta_2 d_{\text{river}} + \beta_3 d_{\text{neighbor}} \quad (6\text{-}2)$$

邻域的发展因子 β_3 取 0.6,β_1 与 β_2 分别取 0.2。d_{center} 是土地距离村落中心的距离,将敬爱堂定义为村落的中心,此时的空间发展为单中心模式。d_{river} 是土地距离前边溪的距离。

3) 以道路为主导的因子权重值设定,混合了所有影响因素

可达性影响因素涉及与街道的可达性距离、与河流的可达性距离、与邻域的关系以及与村落中心祠堂的可达性距离。村落中心演化为以敬爱堂、追慕堂、辉光祠为中心的多中心结构。用数学公式表达为:

$$r_{ijs} = \beta_1 d_{\text{center}} + \beta_2 d_{\text{river}} + \beta_3 d_{\text{road}} + \beta_4 d_{\text{neighbor}} \tag{6-3}$$

邻域的发展因子 β_4 取 0.5,β_1 与 β_3 分别取 0.2,β_2 取 0.1。

在每种类型权重因子设定中,邻域的发展因子设置值较高是由于宗族因素的作用无论在任何一个发展阶段都是宅居地选择的基础。

在计算 r_{ijs} 得到地块的适宜性评价后,通过公式:

$$p_{ij}^t = \varphi(r_{ij}^t) = \exp\left[\alpha\left(\frac{r_{ij}}{r_{\max}} - 1\right)\right] \tag{6-4}$$

将适宜性转换为地块的发展概率。公式中的 α 值是一个控制系数,该值取值越小,得到的概率值越高,取值越大,得到的概率值越低。本例中,$\alpha = 1$。

6.4　村落空间结构自组织动态演变建模

6.4.1　智能体的定义

1)智能体空间的定义——不规则地块

传统元胞自动机的元胞空间是均质的,并且没有尺度概念。而现实的城市空间、土地空间都是非均质空间。若将元胞自动机应用于实际城市时,元胞单元通常根据实际应用的不同,小到以米为单位,大到以公里为单位。近年的研究结果表明,元胞空间对尺度敏感。模型设置的增长与规则对不同的元胞尺度其作用也不相同,这就意味着元胞空间大小的设定对城市空间增长的模拟只能适应于某个层级的空间尺度。因此,为了反映土地空间结构由微观向宏观模式的演变,元胞的尺度假设应是该元胞空间不可再分,或元胞是系统最基本的组成单元。

在西递村落的元胞空间定义中,智能体空间具备两个特征:

(1)智能体空间大小为居民宅居地大小,具有精细尺度。村落空间的演化和发展是宅居地的扩大和变异的结果。

(2)智能体空间是非均质的居民宅居地地块。非均质的元胞空间相对于均质的元胞空间具有更大的灵活性,并能真实地反映邻域空间关系,如图 6-5 所示。

从广义的智能体定义角度看,地块状态的变化反映的是居民的行为选择偏好,因此可以将其

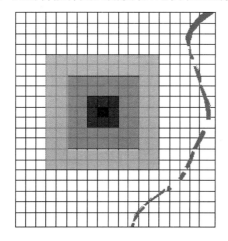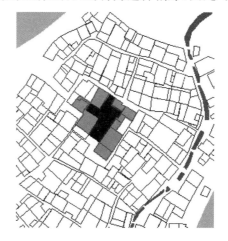

图 6-5　空间地块规则网格结构与不规则网格结构形成不同的空间发展结构

(右图为半径为 2 的摩尔邻域)

看作智能体。

智能体空间用地类型分为活动的与固定的两种,活动的空间用地类型包括宅基地及部分家祠。固定的空间用地类型包括山体、河流水面、道路等。固定空间用地主要用于限定空间的增长与蔓延。

智能体的活动表现为两种形态:未发展用地与发展用地。未发展用地为"死"的阶段,发展用地则为"生"的阶段。智能体的邻域通过 GeoDa 软件生成,包含周围半径为 1 的摩尔邻域。

2) 智能体的生命周期

生命周期的定义参考了巴蒂和谢一春的构模方法论,城市的增长被视为已有的土地单元对自身的复制和变异,而产生新的土地单元的结果。城市的衰败视为城市化地块的死亡。在西递村的空间演变中,对已发展的地块通过迭代时间和环境条件来决定其繁衍、成熟和死亡等行为。迭代时间的控制用于模拟建筑物的成长与衰败,环境条件则是由邻域状态来决定的。例如,从历史演变的过程分析,在发展的早期,住宅主要聚集在程家里高坡附近和古来桥,长房厅"仁让堂"的位置也在这里,后来这块区域逐渐被废弃,村落中心沿前边溪向南延伸至敬爱堂。这部分的地块比较典型地表现出了建筑物的成长与衰败的过程,为了设置此部分地块的生命周期,研究尝试了运用两种方法来模拟地块的生命周期。方法一是通过控制迭代时间,程序每进行一轮计算就是一次迭代,在某个固定的迭代时间后,例如 $T = 4\,000$,此部分地块由开发的住宅区域重新转化为未开发区域,并参与下一次迭代的未开发区域的统计和计算。方法二是通过环境条件来控制地块。这个方法是 GeoCA-Urban 的构模方法,模拟当地块单元从中心向周边扩展时,只有边缘的单元具有发展空间,随着时间的发展,首先发展的单元逐渐沦为中年单元,最后沦为老年单元,这种层层嵌套的环境形成空间生命周期(图 6-6)。图 6-7 为方法二的模拟结果。

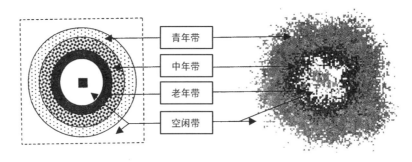

图 6-6　GeoCA-Urban 的生命周期构模原理[1]

T时刻住宅状态　　　　　　　　T+1时刻住宅状态

图 6-7　方法二的测试结果

① 周成虎,孙战利,谢一春. 地理元胞自动机研究[M]. 北京:科学出版社,1999

在对比了两种生命周期的构模方法后,研究最终采用了方法一,如图 6-8 所示。原因是方法一更加接近随机计算的结果。由于西递村落的空间形态更加接近于线性布局,而非城市中心区的同心圆布局。因此,GeoCA - Urban 的生命周期构模原理对城市中心区的大面积区域的生命周期研究是适宜的,并不适宜于尺度较小的院落空间。

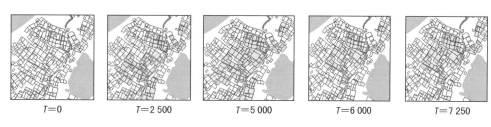

$T=0$ $T=2\,500$ $T=5\,000$ $T=6\,000$ $T=7\,250$

图 6-8 方法一的测试结果

在确定通过控制迭代时间来设置地块的生命周期后,还需要根据历史地图进一步设置不同区域地块的生命周期时间,使最终的时空演变过程符合历史研究的结果。

3) 智能体的初始状态

智能体的初始状态与参数是空间模拟结果的重要因素。如前所述,由于西递村落的空间发展模型带有预测性模型的特征,因此会包含正反馈的特点,模型对初始条件的变化非常敏感。由于西递村落没有历年的遥感图像和航片作为空间发展依据,因此,智能体的初始状态参考乾隆时期的土地利用状态,如图 6-9 所示。两个村落中心通过祠堂表现出来,村落发展的早期以敬爱堂为村落中心,晚期则有敬爱堂和追慕堂、辉公祠形成的大路街两个中心。初始状态以历史资料的记载为主要依据,主要是以家祠的方位作为初始状态(图 6-10)。

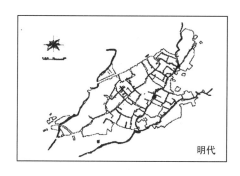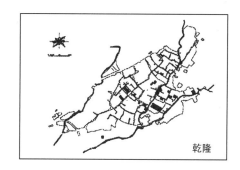

明代   乾隆

图 6-9 明代及乾隆时期村落平面假想图[①]

4) 时间步的模拟

传统元胞自动机的时间步是离散的,而且是同步更新的。对城市用地的演变,1 个时间步长代表 1 年是较为普遍的。在西递案例中,从历史资料分析村落空间演化行为具有明确的空间发展模式和时间顺序,因此采用异步更新方式可以较好地模拟其空间发展过程。方式是通过设定不同发展时期的不同土地增长区域来实现异步更新。土地增长模式的转变是根据静态结构分析的结果设定参数和阈值来控制。

西递村的空间模拟相对于历史时间来说约有 1 000 年的历史,但前 500 年的发展是相对缓慢的,因此不可能通过时间步来确定模拟与现实的联系。

---

① 段进,龚恺,陈晓东,等.世界文化遗产西递古村落空间解析[M].南京:东南大学出版社,2006

图 6-10 ArcGIS 中西递模型初始状态图

5）随机性的模拟——蒙特卡洛方法

为了表达村落空间发展的随机性或是不确定性,在通过转换规则计算得到地块的发展概率后,需要引入蒙特卡洛方法。用事件发生的"频率"来决定事件的"概率",用于干扰村落空间的发展。具体的方法是通过随机数生成器产生一个介于 0 到 1 之间的随机数,将这个数与地块的发展概率比较,若地块的发展概率高于随机数,则地块从未发展用地转变为发展用地;若低于随机数,则地块不转变,重新循环计算。引入蒙特卡洛方法后,每次村落空间演变模拟的结果都是不同的。

6.4.2 村落土地增长转换规则的定义

土地增长转换规则是模拟核心的部分,整个模拟过程都会受到转换规则的影响和控制。西递村落的土地增长转换规则采用多准则判断的方法,该方法最初由吴缚龙在 1998 年提出。

土地在 $t+1$ 时刻状态由它和它的邻居在 t 时刻状态以及对应的转换规则决定,数学表述如下[①]:

$$S_{ij}^{t+1} = f(S_{ij}^t, \Omega_{ij}, T^t) \tag{6-5}$$

—— S_{ij}^{t+1} 和 S_{ij}^t 为时间分别在 t,$t+1$,场所为 ij 的土地利用状态。

—— Ω_{ij}^t 是场所为 ij 土地邻域空间的发展状态。

—— T^t 为一系列转化规则。

该数学表达式表明对于一个自组织城市,土地发展往往是一个历史依赖的过程,也就是说过去的土地发展对现在和未来都会产生影响。影响的范围由邻域范围决定。在元胞自动机和基于单元格的城市模型中,邻域范围常常是元胞单元周围 3×3 的像素范围定义(也就是严格的摩尔邻域)。在西递模型中,土地并非是基于单元格的,因此,对邻域范围的定义是与中心地块具有共同的交点或边线的相邻地块。运用多准则判断的方法在某种程度上接近于土地利用评价。

利用概率的方法可以灵活地定义转化规则,$t+1$ 时刻的土地利用状态用概率表达为:

① Wu F, Webster C J. Simulation of Land Development Through the Integration of Cellular Automata and Multicriteria E-valuation[J]. Environment and Planning B, 1998, 25(1): 103-126.

$$S_{ij}^{t+1} = f(p_{ijs}^t, T^t) \tag{6-6}$$

——p_{ijs}是场所为ij土地在s状态下的转换概率。

$$p_{ijs}^t = \varphi(r_{ijs}^t) = \varphi[\omega(F_{ijk}^t, W_k)] \tag{6-7}$$

——r_{ijs}是场所为ij土地在s状态下的适宜性。

——F_{ijk}是发展因子k在场所为ij土地的评分,也包括邻域在状态t开发的比例。

——W_k是每个发展因子赋予的权重。

——ω是用于计算发展权重得分的联合函数。

——φ是将合成的适宜性得分转化为概率的函数。

公式(6-7)的简化形式表达为:

$$p_{ij}^t = \varphi(r_{ij}^t) = \exp\left[\alpha\left(\frac{r_{ij}}{r_{\max}} - 1\right)\right] \tag{6-8}$$

——r_{ij}是场所为ij土地的适宜性评估分数。

——$r_{\max}$是场所为ij土地的适宜性评估最高分。

$$r_{ijs} = \left(\sum_{k=1}^{m} F_{ijsk} W_{sk}\right) \prod_{k=m+1}^{n} F_{ijsk} \tag{6-9}$$

——F_{ijsk}是发展因子k对状态s得到的分数。

$1 \leqslant k \leqslant m$代表非限定性的发展因子。

$m < k \leqslant n$代表限定性的发展因子。

公式(6-9)可以简单表达为:

$$r_{ijs} = \beta_1 d_{\text{center}} + \beta_2 d_{\text{mountain}} + \beta_3 d_{\text{road}} + \beta_4 d_{\text{neighbor}} \tag{6-10}$$

在得到r_{ijs}后,根据公式(6-7)计算出转换概率:

若$P_{ij}^t \geqslant P_{\text{threshold}}$,则土地由未开发用地转换为开发用地。

若$P_{ij}^t < P_{\text{threshold}}$,则土地仍为未开发用地。

6.5　建模平台——ABM 与 GIS 的结合

6.5.1　Repast Simphony 平台

西递模型的建模平台为 Repast Simphony 2.0。该平台允许在一个 Java 程序中添加该公司基于智能体建模所开发的类,实现基于智能体建模与 GIS 的紧密耦合。整合后的主体不是以地理信息系统为平台的开发环境,而是一个模拟/建模系统工具为主体的工具包。工具包通过程序调用 Geotools 的函数输入和输出 GIS 数据,调用 Java Topology Suite (JTS)的函数进行 GIS 数据操作,调用 ArcMap 实现地理信息系统的可视化功能。

6.5.2　数据准备与操作步骤

建模的主要操作步骤为:

(1) 数据准备——现状地形图及历史地图。AutoCAD 的地形图选用合肥市测绘设计研究院对西递村为期 8 年的测绘工作成果(图 6-11、6-12)。工作开始于 1996 年,1999 年因拟建新村,再往潭口岔路口处进行扩测。2002 年由于新村移位到西递中学外珠林村,镇政府迁移。2004 年 6 月为珠林村进行规划,再次进行扩测,并对前几次所测的图全面进行修测,修测工作于 2004 年完

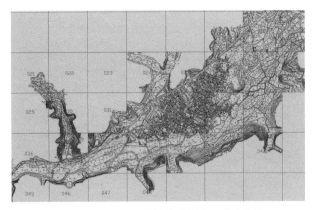

图 6-11　2004 西递村落及周边环境实测图

(合肥市测绘设计研究院,2004)

成。考虑到自 2004 年至今村落空间扩展的变化,2011 年,作者根据 2004 年实测地形图,进行了为期一周的现场踏勘,并逐一核对现状与地形图,绘制了较准确的村落现状图。另外,村落的演化模拟还有一个重要的课题,就是对村落空间发展未来的预测,因此,根据现状,又绘制了一张未来空间可能扩展的地块总平面图。可能的空间扩展主要来自于两个方面的空间,一为村落中当前的保留用地,二为少量接近村落的农业用地。这两类用地都是村落空间扩展有可能延伸的空间。

　　数据准备的另一方面是历史资料及历史地图的搜集和准备工作。2000 年,东南大学建筑系龚恺教授曾带领学生进行了为期半个月的测绘工作,为西递古村落的保护工作奠定了基础。段进在总结了龚恺测绘及研究成果的基础上,撰写了《世界文化遗产西递古村落空间解析》一书,本书以该书的研究成果和所搜集的历史地图为数据参照。在人文与历史方面,西递作为徽商文化的代表,其村落空间演化的过程与徽商兴起、发展与衰落的轨迹是一致的。

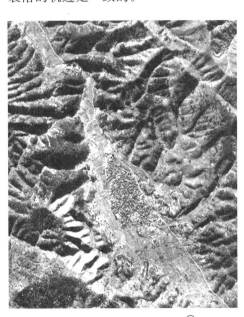

图 6-12　西递村航拍照片①

　　(2) 在 ArcGIS 9.3 中将 AutoCAD 的地块图形导入,作出土地利用图,并转化为 shp 文件。输入地块的属性,对地块进行空间分析,数据的分析包括动态数据与静态数据两方面(图 6-13)。静态数据主要包括地块的属性(属性分为 4 类,分别为宗祠、支祠、家祠和宅居地)、地块距离村落中心的距离、地块距离道路的距离、地块距离水系的距离等等,动态数据包括每次模拟迭代后不断变化的邻域情况和概率阈值等等。

　　(3) 进入 Repast 系统进行编程。Repast 建模系统引入了 Geotools②的部分函数功能用于智能体系统对 GIS 的数据读取和写入,JTS(Java Topology Suite)③用于 GIS 的结果显示,也可以用 OpenMap④显示出 GIS 更新后的数据。早期 Repast 平台事实上是 Swarm 平台的 Java 翻版,后来在此基础上开发了多种语言的版本,包括 Java、Python 和 Microsoft. Net 框架 3 种,并增加了内置的遗传算法和回归分析等功能。本案例建模采用 Java 语言编程,以 Repast J 3.1 为基

---

　　① 安徽省测绘局提供. 引自:段进,龚恺,陈晓东,等. 世界文化遗产西递古村落空间解析[M]. 南京:东南大学出版社,2006.

　　② Geotools 是一个开源的 Java GIS 工具包,可利用它来开发符合标准的地理信息系统。Geotools 提供了 OGC(Open Geospatial Consortium)规范的一个实现来作为他们的开发。参见 http://geotools. org/

　　③ JTS 是加拿大的 Vivid Solutions 做的一套开放源码的 Java API。它提供了一套空间数据操作的核心算法,为在兼容 OGC 标准的空间对象模型中进行基础的几何操作。参见 http://www. vividsolutions. com/jts/JTSHome. htm

　　④ OpenMap 是一个基于 JavaBeansTM 的开发工具包。利用 OpenMap 你就能够更快速构建用于访问 Legacy 数据库的应用程序与 applets。OpenMap 提供了允许用户查看和操作地理空间信息的方法。参见 http://www. openmap. org/

本模板。在模拟运行过程中，窗口可以显示出模拟过程中重要的参数和控制数据，如图 6-14 所示。

(4) 运用 GeoDa 软件生成地块的邻域。GeoDa 提供了几种邻域生成模式，例如纽曼邻域或是摩尔邻域。本案例选择的是摩尔邻域。在获得邻域生成表后，开始在程序中设置主要控制参数，并运行程序。

(5) 调整控制参数，并反复运行程序，直到达到理想的空间演变结果。

具体流程参见图 6-15。

Attributes of xx

FID	Shape	LAYER	ID	Area	Landuse	toRiver	Zone	Flag	toRR	Age	FFlag
0	Polygon ZM	aunde	1	86.396	8	145.37	3	0	.37	0	
1	Polygon ZM	aunde	2	163.079	8	130.36	3	0	.371	0	
2	Polygon ZM	aunde	3	76.934	8	125.1	3	0	.371	0	
3	Polygon ZM	aunde	4	115.506	7	127.83	3	0	.371	0	
4	Polygon ZM	aunde	5	36.526	7	145.76	3	0	.37	0	
5	Polygon ZM	aunde	6	69.246	7	129.24	3	0	.371	0	
6	Polygon ZM	aunde	7	24.512	7	126.46	3	0	.371	0	
7	Polygon ZM	aunde	8	14.307	7	121.25	3	0	.371	0	
8	Polygon ZM	aunde	9	35.712	7	114.95	3	0	.371	0	
9	Polygon ZM	aunde	10	14.73	7	122.89	3	0	.371	0	
10	Polygon ZM	aunde	11	17.983	7	114.9	3	0	.371	0	
11	Polygon ZM	aunde	12	280.472	7	111.14	3	0	.371	0	
12	Polygon ZM	aunde	13	50.219	7	140.48	3	0	.371	0	
13	Polygon ZM	aunde	14	90.133	8	110.58	3	0	.371	0	
14	Polygon ZM	aunde	15	131.271	8	120.55	3	0	.371	0	
15	Polygon ZM	aunde	16	158.7	7	131.36	3	0	.371	0	
16	Polygon ZM	aunde	17	27.095	7	105.6	3	0	.371	0	
17	Polygon ZM	aunde	18	45.081	7	106.32	3	0	.371	0	
18	Polygon ZM	aunde	19	14.876	7	106.24	3	0	.371	0	
19	Polygon ZM	aunde	20	58.474	7	104.91	3	0	.371	0	
20	Polygon ZM	aunde	21	83.185	7	101.99	3	0	.372	0	
21	Polygon ZM	aunde	22	65.437	7	109.9	3	0	.371	0	
22	Polygon ZM	aunde	23	44.841	7	109.56	3	0	.371	0	
23	Polygon ZM	aunde	24	72.659	7	100.96	3	0	.372	0	
24	Polygon ZM	aunde	25	81.026	7	117.3	3	0	.371	0	
25	Polygon ZM	aunde	26	26.391	7	113.32	3	0	.371	0	
26	Polygon ZM	aunde	27	59.822	7	123.36	3	0	.371	0	
27	Polygon ZM	aunde	28	63.627	9	119.78	3	0	.371	0	
28	Polygon ZM	aunde	29	22.88	7	117.15	3	0	.371	0	
29	Polygon ZM	aunde	30	46.396	7	129.04	3	0	.371	0	
30	Polygon ZM	aunde	31	62.88	7	128.14	3	0	.371	0	
31	Polygon ZM	aunde	32	35.158	7	135.24	3	0	.371	0	
32	Polygon ZM	aunde	33	34.522	7	127.56	3	0	.371	0	
33	Polygon ZM	aunde	34	29.06	7	141.56	3	0	.37	0	

Record: 1　Show: All Selected　Records (0 out of 1635 Selected)　Options

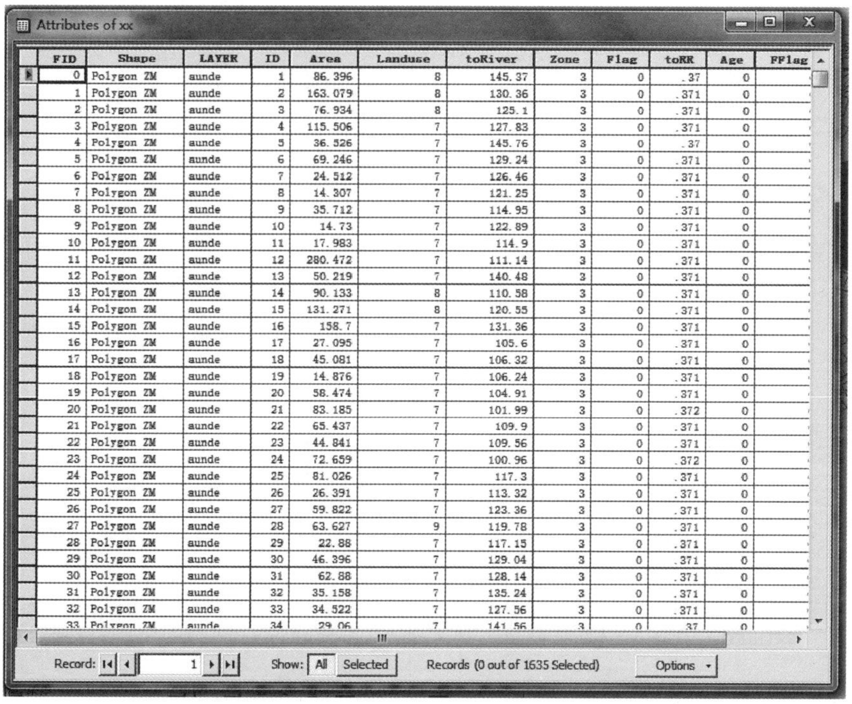

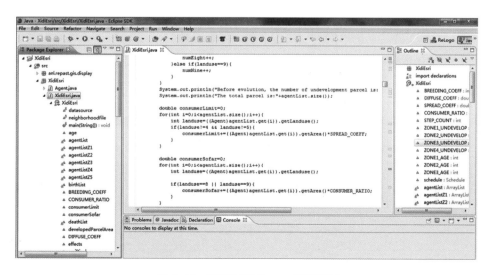

图 6-13　ArcGIS 9.3 中的西递村落数据库

图 6-14　西递村落 Repast 编程界面

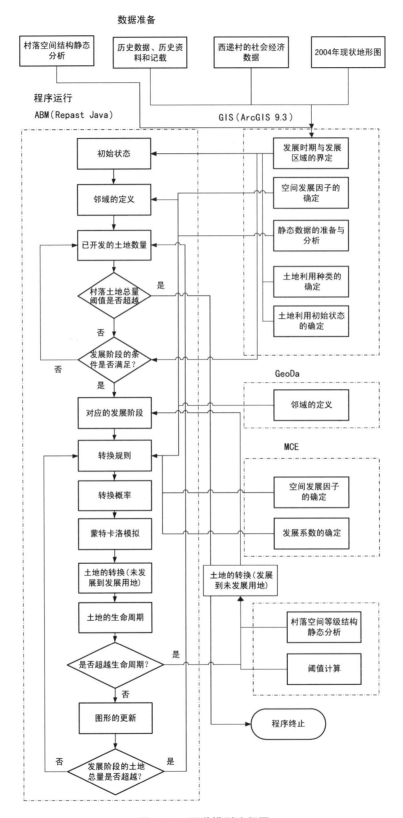

图 6-15　西递模型流程图

6.6 模拟结果

6.6.1 道路系统的演变

模拟结果显示,村落发展的早期由于地块围绕家祠逐渐扩展,形成团状或簇状发展形态,所谓的道路是团簇之间形成的边界,因此相对凌乱和不规整。而前边溪和古来桥则明显发展为山体与宅居地之间的分界线。

因此,可以理解为何西递村落有3条溪流,只有前边溪发展为村落的主要河流,原因就在于村落发展的初期种子点的设定位于程家里的山坡之下、前边溪之前。如图6-16所示 $T=250$,在这个阶段之后,村落空间主要沿前边溪拓展,前边溪及溪边道路演变为主干道路。有关西递村落道路等级体系的研究结果如图6-16所示。从模拟演化过程看,道路的形成过程并非如历史资料那样清晰,其形成过程是自然发展和延伸的过程。以横路街为例,它起初是在东南和西北两个村落中心逐步形成的过程中的一个连接通道,后发展为村落主干道,是空间结构由单中心向多中心转变过程中由于空间结构不均衡推动形成的稳定结构的结果。

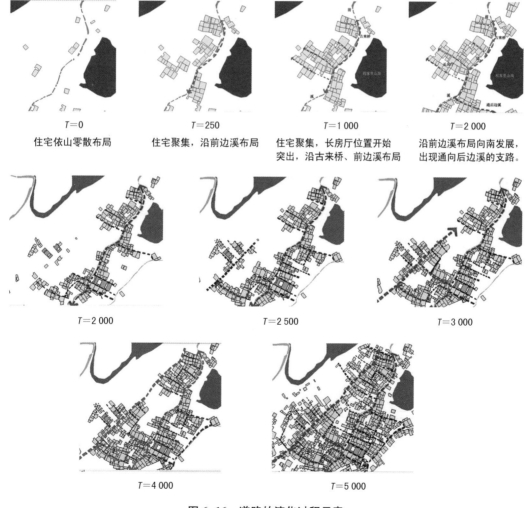

图 6-16 道路的演化过程示意

　　因此,模拟展示的道路系统的演变遵循了复杂系统对初始状态敏感和形态依赖的原理,同时,空间结构的不稳定性却时常成为空间结构增长的主要动力。历史地图只能展示空间结构稳定和平衡时的形态,无法描述结构不稳定时的空间结构增长动力和方向(图6-17)。

　　—— 公路
　　—— 第一级道路(交通性巷道)
　　—— 第二级道路(生活性巷道)
　　—— 第三级道路(祠堂备弄)

图 6-17　历史资料研究显示的道路系统[①]

6.6.2　空间增长模拟与验证

1) 历史资料研究结果

根据历史资料分析,西递村落的空间演化过程模拟分为 3 个空间发展阶段。

阶段①:依山而居(北宋至明万历,前后约 400—500 年)区域

明经胡氏最早定居于西递村东北部高坡附近,村落的空间形态为散居的宅居地形成的聚落。根据徽州其他区域的民居形式的发展分析,由此时的住宅形式采取山越民族的干阑式建筑和南迁汉人的传统木构建筑相结合的产物推断,该区域应临近程家里高坡并靠近古来桥附近。

阶段②:逐水而居(明万历至清,前后约 200 年)区域

14 世纪是西递村发展的转折时期,出现了祠堂建筑,人口大幅度增加,村落中心由山地高坡转向沿前边溪古来桥与会源桥之间。敬爱堂与会源桥附近的元璇堂戏台成为村落活动的中心。该区域覆盖沿前边溪附近的重要的祠堂与厅堂建筑。

阶段③:逐路而居(清中后期,前后约 200 年)区域

该区域主要覆盖了 18 世纪至 19 世纪横路街及大路街附近的祠堂与厅堂建筑,并沿大路街一路向北发展至三级岭附近。

2) 模拟结果

• 阶段 1 模拟结果与验证

早期依山而居的状态已没有任何考古资料痕迹和历史记录,模型初始状态的设定约为明末至清乾隆时期。在模型的区域设置中,模拟的初期仍然是由靠近东北高坡的区域种子点优先发展,目的是测试和验证这个初期的历史过程以及由此而引发

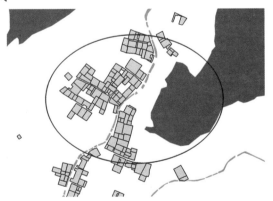

图 6-18　模拟初期空间团簇分布状态($T=2\,000$)

① 段进,龚恺,陈晓东,等.世界文化遗产西递古村落空间解析[M].南京:东南大学出版社,2006

的空间结构的演变。

模拟结果显示前边溪是空间团簇形态明显的分界线。团簇的子簇部分类似于单个家族,形态自由,无规则(图6-18)。

模拟结果初步验证了历史资料初期的想象:住宅形态以散居为主,没有形成明显的巷道与组团①。模拟结果与资料研究的不同点在于:团簇的形态自由,巷道结构明显,有些巷道并不完全与前边溪连接,但团簇的子簇之间边界是清晰的。这一点可以证明中国传统住宅的空间内向性特征。

　　• 阶段2模拟结果与验证

历史资料对于此段空间发展模式的研究结果是由于社会生产力的发展,以及宗祠敬爱堂位于前边溪南侧导致空间的发展由依山而建转为逐水而居模式。

模拟结果显示在进入逐水而居的模式之前,靠近高坡附近的宅居地已呈现出逐渐饱和的状态,其扩大潜力只能是沿前边溪向北和向南发展两条路径,因为北部山地走势的阻挡,村落空间向南拓展是自然的选择。因此,结论是空间发展模式的转变更多受到地形的制约,高坡附近已无法容纳更多的宅居地而导致发展模式转变。另外,模拟显示沿前边溪的村落主干道的形成过程也不清晰。空间发展更像是两个团簇的发展,一个团簇是程家里高坡附近的近乎饱和的宅居地团簇,另一个是集中于南部敬爱堂附近的团簇空间,获得极大发展(此处,支祠与家祠的种子点异常多,导致空间急速扩张与发展)。而前边溪仅仅是连接两个团簇的通道,其周边宅居地的扩展是缓慢而有限的,种子点也是北部团簇分离出来的支祠(图6-19)。

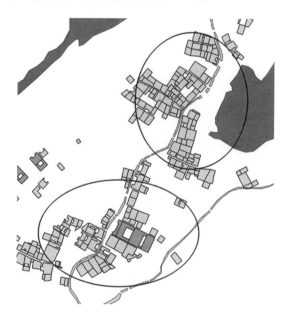

图6-19　两个团簇空间以及与前边溪之间的关系($T=2\,500$)

总之,此阶段模拟结果显示的并非是空间发展模式(依山而居模式转向逐水而居模式)发生转变,而是由于宗祠敬爱堂和其周边支祠获得了极大发展导致的空间发展方位的转变。宅居地沿前边溪的扩展不是原因,而是结果,是由于发展方位的转变导致的结果。这是与历史资料研究差异最大的地方。

　　• 阶段3模拟结果与验证

此阶段模拟结果显示空间向西、向北发展,西侧辉公祠、追慕堂、常春堂构成村落的另一个中

---

　　①　段进,龚恺,陈晓东,等.世界文化遗产西递古村落空间解析[M].南京:东南大学出版社,2006:12

图6-20 多中心时期的宅基地形态 （T=5 000）

心。由于设定了生命周期,地块最先发展的东北高坡区域附近的居民宅居地开始出现部分空地,新开发用地则出现在西北方向。整个村落人口维持在较稳定的阈值附近。这个阶段的空间在每个方向都有扩展,以敬爱堂为中心,4个方向都有空间延伸,西侧的村落中心扩展更为迅速。模拟结果与历史资料的描述最为接近。与历史研究的差异表现在单中心向多中心模式的转化时间节点上,历史研究明确了这个空间模式的转化时间点,而模拟结果显示这个过程形成时间较长(图6-20)。

6.7　结语

6.7.1　动态模拟方法与静态分析方法之间的差异

村落模拟结果与历史资料和分析对照后,得到以下结论:

1) 均衡与不均衡的对比和差异

静态历史资料和分析是一个理想化的均衡假想模型,而计算机模拟则反映出动态的、演进式的生成过程。两者的不同表现在静态往往是一个平衡态,而动态则能够反映出空间在远离平衡态状态下形成的空间发展动力。这种动力是系统自组织的主要动力,推动系统走向宏观的均衡与秩序。静态历史资料可以认知宏观的均衡与秩序,却无法认知其生成过程,因此,得到的研究成果,尤其是空间发展过程研究会出现假想偏差。例如,如前所述,在空间发展模式变化的研究中,静态历史资料和分析尤其强调空间发展模式的变化——从依山而建到逐水而居。而模拟过程并未显示出此种空间发展模式的变化(虽然在土地转换规则的设定中,设定了地块与河流的远近关系作为变迁的权重因子),而是更多地显示出人为干扰作用下发生的非均质性嬗变,即宗祠——敬爱堂的位置决定了空间发展的走向。因此,本书认为并不存在依山而建到逐水而居的空间演变模式过程,而是东北部高坡周边宅基地饱和导致空间自然向南侧延伸的结果,逐水而居是结果。

2) 涨落与突变因素的作用

涨落与突变是复杂系统的基本特征。对于静态建筑空间分析来说,可以设想涨落与突变的因素,却无法设想涨落与突变对系统的空间演变产生的影响与作用。在西递村落的空间研究中,有一个重要的突变因素是常春堂的迁址。常春堂是十四世祖仕全公祠堂,其宗族等级的重要性等同于十四世祖仕亨公祠堂——敬爱堂。原本,常春堂位于敬爱堂东南侧,与敬爱堂一起构成村落中心。村落发展后期,常春堂遇火患,因此迁入大路街。历史资料分析认为常春堂的迁移导致了村落中心的西移至大路街。模拟结果显示这个因素的重要性并不强。村落由敬爱堂的单中心结构转变为多中心结构的演化推动仍然是地形因素起主要作用,村落沿前边溪发展到一定阶段后达到饱和,在人口压力的作用下向纵深发展以求获得更多更大的发展空间,没有常春堂的迁移因素也会导致村落空间的西移。另外,从宗祠、支祠和家祠等节点分布看,多中心结构的村落空间发展阶段出现空间的随机发展模式,道路结构越来越模糊和混乱,没有清晰的巷道结构。这一点也与历史资料研究有一定差异。

总结上述观点,本书认为空间的静态结构分析可以帮助人们认知空间结构变化和发展的影响因素,但却不能认知空间结构演化的动力,根本的原因是动力来自于远离平衡态的空间发展过程。因此,对过程研究的意义远比对某个历史断面研究的意义要更加深远。我们可以制定空间演化的基本规则,但却无法控制和左右其演化过程,这正是复杂系统最有魅力和神秘之处。

6.7.2　未来的发展与改进

1) 增加生态环境容量对村落结构与形态的控制

本案例由于缺乏较多的经济因素以及环境因素指标,无法进行村落生态环境容量的计算,虽然在模型中设置了蔓延系数,但却未能起到控制的作用。在未来的发展中,可以从西递周边的资源和生态环境条件出发,通过生态环境容量的分析确定村落发展的人口与用地规模,在模型中通过设定相应的参数控制村镇空间的发展。也可以从土地资源发展可持续性角度出发,通过对土地资源的评价来研究地区村落发展适宜性的空间分布情况,土地适宜性的评价将从土壤、地形、交通、土地利用、生态平衡及空间发展紧凑性等方面进行综合考虑。上述的分析、评价与计算过程可通过地理信息系统的高级空间分析功能实现,智能体建模提供了实现整个动态过程的基本环境。

2) 增加智能体的社会和人文属性

西递模型虽然采用了多智能体模型的平台,但模型仍是以土地地块的变迁为主要线索。在古村落空间中,社会与人文的因素对村落空间的影响主要表现在宗族、血缘和等级制度对村落空间结构演变产生的作用。例如,聚族而居的行为、佃仆制所形成的空间格局等等。未来的模型可以对智能体添加社会与人文属性,使宅基地的变迁包含更多居民个人的决策因素。

6.7.3　小结

西递村落的空间发展演化模型是运用多智能体技术进行村落空间增长和形态研究的案例。选择西递作为案例是因为该村落的空间发展具有典型的自组织特征,空间的发展主要是自下而上的发展过程。在村落的发展历史中,村落的发展基本没有经历人为的规划管理和控制,因此适合于通过演化规则的设定来模拟村落空间的发展过程。西递村的空间建模本质上是解释性的模型,同时又带有预测性模型的某些特质。因此,该模型既具有解释特征,又可预测未来的村镇空间发展,对于城市和村镇的可持续发展研究具有重要的意义(图6-21)。

无论基于智能体的建模面临多少问题和局限性,不可否认的是,基于智能体的建模仍然是呈现复杂行为系统的有力工具。这种优越性需要从城市模型的发展历程来看,早期的微分方程无法描述个体行为之间复杂的、非线性的、不连续或离散的相互作用。而基于智能体的建模却可以表现出个体之间的复杂作用、异质群体、拓扑的复杂性,并建立合适的模型框架①。在土地利用和城市规划中,需要将基于智能体的建模与地理信息系统结合。虽然通过紧密耦合的方式获得了精细尺度建模,提高了模型预测的精度,但另一方面也丧失了某些基于智能体的建模平台所提供的基本功能。这在某种程度上也影响了"涌现"现象的模拟和研究,偏离了复杂系统的本质规律。如何权衡两者之间的关系是智能体在城市空间建模研究中的重要问题。

---

① Bonabeau E. Agent-Based Modeling: Methods and Techniques for Simulating Human Systems[C]. Proceedings of the National Academy of Sciences of the United States of America, 2002, 99(supplement 3): 280-287

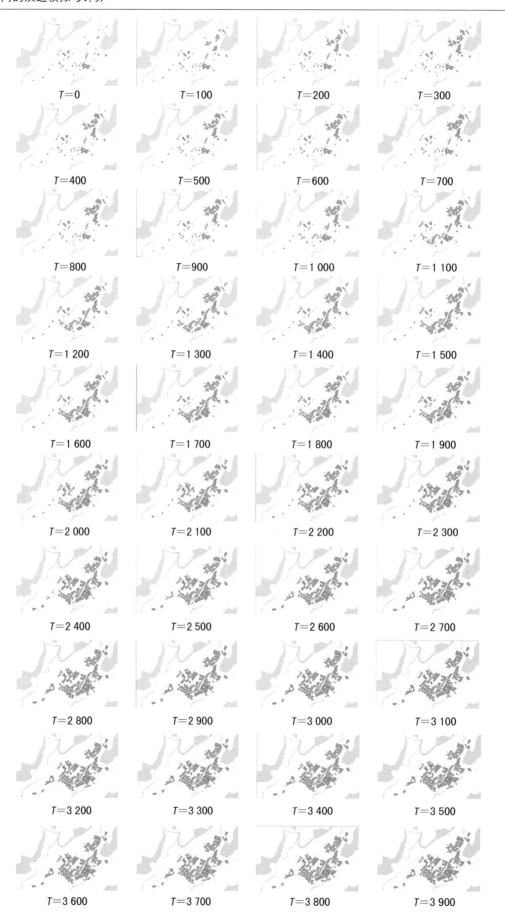

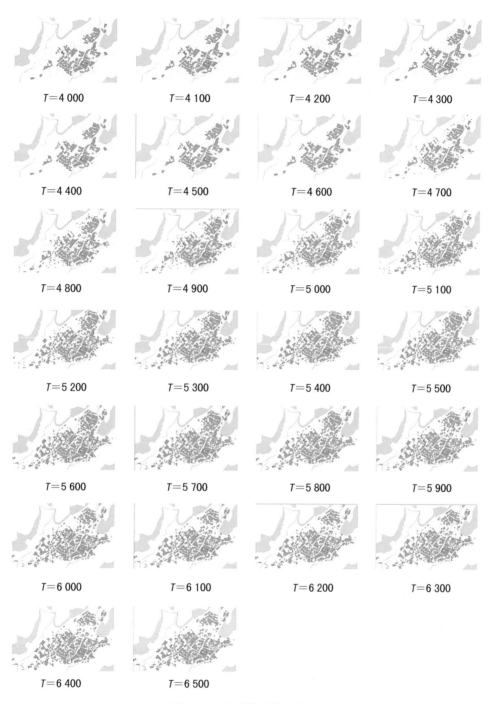

$T=4\,000$　　　$T=4\,100$　　　$T=4\,200$　　　$T=4\,300$

$T=4\,400$　　　$T=4\,500$　　　$T=4\,600$　　　$T=4\,700$

$T=4\,800$　　　$T=4\,900$　　　$T=5\,000$　　　$T=5\,100$

$T=5\,200$　　　$T=5\,300$　　　$T=5\,400$　　　$T=5\,500$

$T=5\,600$　　　$T=5\,700$　　　$T=5\,800$　　　$T=5\,900$

$T=6\,000$　　　$T=6\,100$　　　$T=6\,200$　　　$T=6\,300$

$T=6\,400$　　　$T=6\,500$

图 6-21　西递模型模拟结果

7 城市模型的可行性分析案例：淮安城市演化、管理及问题

7.1 淮安城市简介

7.1.1 淮安的城市区位

淮安位于古淮河南岸，东濒黄海，与盐城接壤，西临安徽省，南连扬州市，北与连云港、徐州毗连。城区地势平坦，平原辽阔，地形西高东低。境内河湖交错、水网密布。盐河、古黄河、里运河、大运河自西向东流经市区，构成淮安特有的城市格局和自然风貌。

图 7-1 淮安市域图及淮阴区范围

淮安城市的发展约有 2 200 年历史，最早在秦统一六国后，在今市区西南的码头镇置淮阴县。魏晋南北朝时期，建制纷繁多变，几次迁徙县治，至清乾隆年间迁定清江浦。清江浦兴起于明永乐十三年（1415 年），鼎盛于清乾隆年间，城市人口一度达到 54 万人。由于京杭大运河与淮河在此交汇，水陆交通便利，逐步发展为重镇，素有"九省通衢"之称。后黄河北徙，漕运转海，津浦铁路通车，清江浦衰落，加之战争，城区受到严重破坏，至 1949 年，城区面积不足 4 km²，人口仅剩 3.6 万人。新中国成立后，政府投入资金用于旧城改造、新建道路，市区交通和市容环境得到了初步改善。改革开放后，城市建设进入了新的发展时期。经过 40 年建设，到 1988 年底，地区面积扩大到 23.1 km²，城区人口近 25 万人。

2001 年江苏省地级市淮阴市政府实施"三淮一体"战略（即原地级淮阴市、原县级淮安市、原淮阴县"三淮一体"），充分利用原县级淮安市的历史人文等资源，提升本地区整体知名度，原地级淮阴市更名为淮安市，原县级淮安市更名为楚州区（现淮安区）整体划归为新地级淮安市的市辖区，原淮阴县划归为新地级淮安市的淮阴区。如此，"三淮"整合为新地级淮安市，辖清河、清浦、楚州（现淮安区）、淮阴四区。

7.1.2 淮安城市形态的历史演变

明永乐十三年漕总陈瑄开凿已被湮废的四十里沙河故道，取名"清江浦"，建四闸以节制水位，京杭大运河全线重新开通。此时的淮阴，只是农村聚落。此后，漕总在这里创办了全国最大的内河漕船厂——清江船厂。该厂的兴建使淮安成为繁荣的集镇，这也是淮安城市的初兴时期。明中

叶后,由于清江浦以北水量不足,客商总是在石码头舍舟,改乘马车进京,"南船北马"的水陆转输特色使清江浦成为全国性的交通枢纽。清康熙年间,在黄河以北开凿盐河运河达海州,清江浦成为淮北盐南运的集散地。

乾隆二十七年(1762年),清江浦大镇改设为清河县治而跃居为政治中心,此时城市繁荣达到鼎盛时期。清江浦设为清河县治后,百余年并无城垣。为了抵御捻军南扰县治,同治元年(1862年)漕总吴棠先在里运河南北筑土圩,全长2 759.4丈(约8 854米)。同治三年,又在里运河南岸筑成略为四方形的砖石城,周长1 273丈(约3 946米),城高1.8丈(约5.6米)。设有东、南、西、北4个城门,分别为东门"安澜",西门"登稼",北门"拱宸",南门"迎薰"。淮阴城现存最早的地图为1863年《清河县志》卷一第3～4页"新建县城图"。该图显示城门的外围还有护城河,靠近里运河处还设有北水门一座,东西水关两座,如图7-2所示。

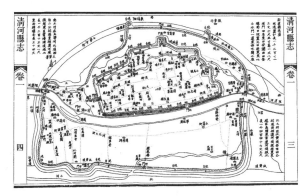

图7-2　清河县志县城图①

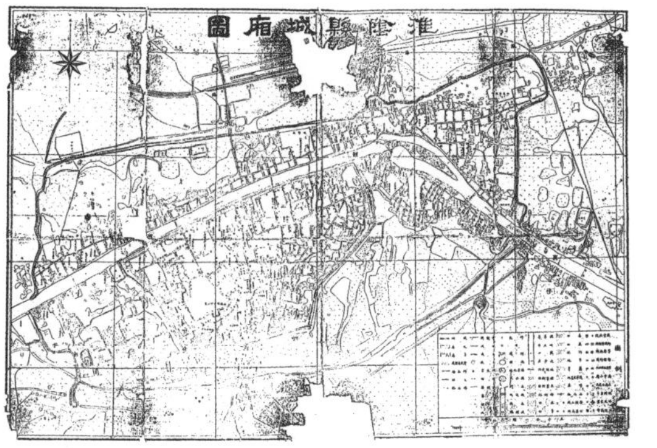

同治十一年(1872年),因黄河积淤日增,漕粮改由海轮北上,1911—1925年,津浦、陇海两线先后通车,清江浦失去赖以发展的漕运、盐运之利。城市由全国性的交通地位降为地方交通和地区物资集散地。图7-3为民国十二年淮扬徐海四属平剖面测量局实测,民国十五年绘制的1/5000的《淮阴县城厢图》。从图中可以看出,相比清末时期县城的形状,内城的大小基本没有变化,外城的形态发生了较大的变化,里运河北侧外城土圩内退,并向东北方向延伸。其形态与清末较为方正的形态相比,显得扁长。

1937—1939年,清江浦一度曾为抗战时期的江苏省临时省会,后因战事连年、经济萎缩,城市衰落。从1937年淮阴城区的历史地图(图7-4)上,可见内城范围仍然清晰,而外城已逐渐荒废。根据当时城市规划前的实测数据,城市周长约3.3 km,南北狭,东西长,面积0.8 km²,城外土圩一道,东西长约2.9 km,南北长约1.3 km,当时人口为5万。1937年城市规划,将城市范围扩充到了土圩外,东至大口子及洋油栈,南至大校场,西至大丰面粉厂,北至机场路,全市规划面积6 km²,可容纳30万人。

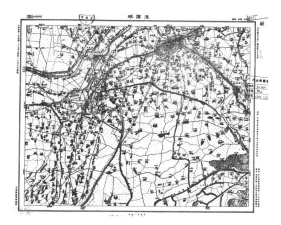

图7-3　1923年淮阴县城厢图②

图7-4　1937年淮阴城图③

---

①②　袁春海.淮阴市城乡建设志[M].北京:中国建筑工业出版社,1996
③　资料来源于江苏省建设档案

1947年,当时国民政府淮阴县县长陈天秩向江苏省建设厅的一份呈文——《淮阴城镇营建计划》记述了1947年淮阴城的现状。以清同治年间所筑土圩为界,面积为3.8 km²(其中城墙内面积约为0.8 km²),设有中心镇和十里镇,人口约为5万,主要居于老城墙内及十里长街一带(城内及河北一带人烟稠密而城南城西一带则户口稀少),并依此将市区划分为老市区和新市区。在道路

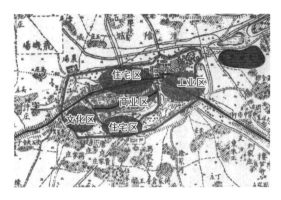

图7-5 1947年淮阴城功能分布示意图 ①

系统方面,当时市内共有路、街、里、巷259条。这些道路大多狭窄,而且路况很差。城内除商业、文化、行政区外,其余均为住宅区。住宅区还分布于城外运河以北,土圩以内,城外南门以西至西圩根。商业区主要分布于城内中正路(今东西大街)两侧,城外土圩以内运河两岸。工业区分布在东圩门以外运河两岸。文化区分布在城内中正路以西到西城根,如图7-5所示。

1952年拆除周长3 500 m的城墙,改建为环城马路,拓宽东西大街为14 m,使商业、服务业由石码头—花街向东大街延伸,市中心遂转移入城。

1958年江苏省建设厅规划小组制定的城市总体规划将市区用地范围扩大,东起大口子,西至杨庄船闸,北以古黄河为界,南到大运河南岸,面积约50 km²。工业区仍然沿运河分布。市中心除维持旧市中心在西大街与北门大街交叉点外,向北拓展新的城市中心,并对主要道路网进行拓宽改造。规划城市人口发展按50万人计算。虽然由于1958年规划受大跃进形势影响,人口规划数额偏高,没有制定专业规划,但其城市的工业布局、道路骨架、市中心北移等在未来城市建设中都基本实现,为后来的城市建设布局和重新制定规划打下了良好的基础。

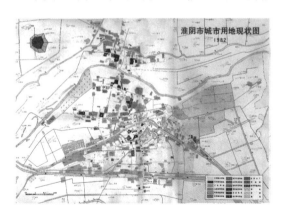

图7-6 1982年淮阴市城市用地现状图

1959年,在里运河中部新建木结构的水门桥,打通了市区与王营镇联成一线的南北主轴线。地区政治中心从旧城区北迁。60年代初,在城南开挖一条宽百米的二级京杭大运河航道,其北岸建水运码头、仓库、船厂等。这条新轴线成为城市近三角形地块形态的底线,为在两运河间的西南工业、居住区的连片发展奠定基础。

1982年,淮安城市人口19.16万人,城市建设用地18.89 km²(不包括部分农田和农村居民点)。从城市用地现状图(图7-6)可知,城市内十字主干道淮海路已经形成,城市向北拓展形成新的城市中心。里运河以北东西向城市主干道除淮海东路和淮海西路以外,还建成了健康西路和健康东路。城市向北拓展逐渐与淮阴县、王营镇相连。另一个城市布局特征则是工业区在城市中的广泛分布,除去旧城市中心区较少有工业区之外,其余各个地方都有工业区布局。城市性质是以轻纺、食品工业为主体的工商城市。

从1995年淮阴城市用地现状图(图7-7)可知,近13年的时间,城市的发展布局基本未变,但道路网体系较1982年更加明确,为一个十字加一个内环的道路网结构。城市的东南片区工业及居住的发展较快。北部逐渐拓展,已将淮阴县及王营镇并入了城市的发展范围。1995年淮阴城市

① 资料来源于江苏省建设档案

规划的发展目标开始强调严格控制环境污染，大力改善生态环境，大幅度增加园林绿地，提倡把淮阴市建设成为一个城中园、城外林、园林一体、浑如天成，文明之中存清幽，风景优美、环境宜人、人文景观与自然景观相融合的"绿水城市"。

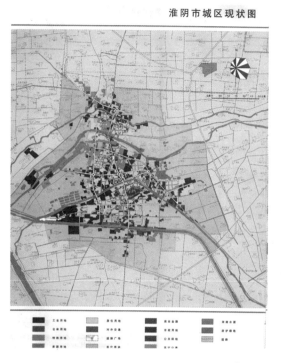

图 7-7　1995 年淮阴市城市用地现状图①

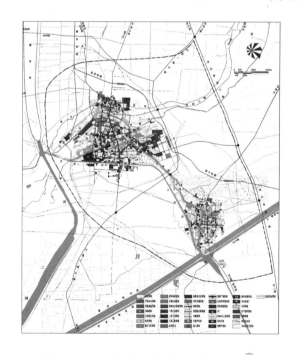

图 7-8　2000 年淮阴市城市用地现状图②

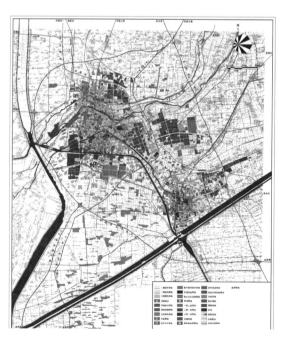

图 7-9　2009 年淮安市城市用地现状图③

①②③　资料来源：淮安市城市规划局

从 2000 年淮阴城市用地现状图(图 7-8)可知,道路网进一步扩大,形成"五纵五横"格局,城东片区发展较快,成为以发展高新技术产业为主,生活居住、公共设施相应配套的综合性城市新区。2000—2009 年,城市扩张较快,工业区逐渐迁出主城,集中在城市外围,主要位于城市西南侧、东侧与北侧。淮阴城区东南方向扩展,逐渐与淮安区相连。城区的形态由原先的不规则形逐渐趋于方正。为了控制城市的扩张,体现历史淮阴的真实性、风貌的完整性和生活的延续性,2009 年的城市规划做了历史文化名城的保护规划以及中心城区生态建设与保护规划,划定了禁建、限建、适建和已建的 4 个区域。

2001 年江苏省淮阴市政府实施"三淮一体"战略,淮安市 2010 年建成区面积达到了 110 km²。

7.1.3 淮阴城市形态的空间发展演变特征

从淮安城市发展历史来看,清江浦设为清河县治后,百余年时间并无城垣。由于清江浦系交通运输需要而逐渐发展的城市,不是行政统治中心,城墙是在城市建成后为防盗而建,因此,清江浦的城市形态并不是中国古代城市方城十字街结构,而是由农村聚落自发形成的不规则的城市形态,城市布局不规则、街巷弯曲不整齐。城市范围以里运河为主轴,南岸以官衙、居住为主,北岸石码头街与南岸东西长街平行,以交通、商业、服务业为主。因此,清江大闸附近的交通、商业之"市"与南岸的"城"呈分割状态。20 世纪 30 年代后期,城市衰落,城市范围缩减成带形小块状形态。新中国成立后,经过社会经济的不断发展,城市形态由带状、星状向团块状演化定位。"大跃进"时期,城市形态在两横一纵三条轴线的共同作用下,由带状向结构松散的多方向星状过渡。70 到 80 年代,城市用地伸展轴继续沿纵横两主轴线拓展,各个方向大致均衡。城市形态按自然条件特征,以大运河、里运河、废黄河、盐河 4 条东西向水链,被淮海南、北路串联成近梯形的团块状,组成了清浦区、清河区、王营镇 3 个用地结构各具特征的中心城市建成区。90 年代末,省级经济开发区及东部纵向新长铁路,宁连一级公路,2000 年后京沪高速公路的建成所形成的交通态势使城市东部快速发展,淮阴市区与东南部的淮安市区相向发展而逐渐连接。(表 7-1[①],图 7-10 至 7-19)

表 7-1　淮阴历史空间发展城市用地、人口及用地分类结构变化表

类型 时间	城市用地面积 (单位:km²)	人口 (单位:万)	居住 (%)	商业及公共 设施(%)	工业、仓储 (%)	道路广场 (%)	绿地 (%)	其他用地 (%)
1954	2.84	4	68.31	7.04	11.27	10.56	2.82	0.00
1957	5.10	5	61.53	9.74	14.97	10.65	2.49	0.62
1964	8.93	10.2	45.64	15.29	22.65	11.06	1.65	3.71
1978	18.22	14.06	37.21	13.77	31.58	10.81	4.66	1.97
1982	18.89	19.16	37.65	14.52	31.30	10.21	5.11	1.21
1989	26.48	23.13	36.17	16.79	31.26	8.99	5.27	1.52

---

① 资料来源:《淮阴市城市用地分类动态变化遥感调查报告》(1993),范元中《淮阴市城市形态演变发展的研究》(1996)。1982 年用地分类数据采用年间平均数计算而成。

图 7-10 同治元年(1862 年)清江浦的城市形态与道路网示意图
(作者根据资料数字化后自行绘制,历史资料来源于《淮阴市城市形态演变发展的研究》(范文中,1996))

图 7-11 1923 年淮阴县城图
(作者根据资料数字化后自行绘制,历史资料来源于《淮阴市城乡建设志》——1923 年淮阴县城乡图)

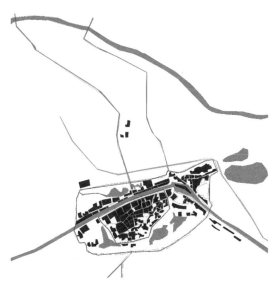

图 7-12 1937 年淮阴县城图
(作者根据资料数字化后自行绘制,资料来源于 1937 年淮阴县历史地图)

图 7-13 1957 年淮阴县城图
(作者根据资料数字化后自行绘制,历史资料来源于《淮阴市城市形态演变发展的研究》(范文中,1996))

图 7-14 1965 年淮阴县城图
(作者根据资料数字化后自行绘制,历史资料来源于《淮阴市城市形态演变发展的研究》(范文中,1996))

图 7-15 1978 年淮阴县城图
(作者根据资料数字化后自行绘制,历史资料来源于《淮阴市城市形态演变发展的研究》(范文中,1996))

图 7-16　1982 年淮阴城市用地现状图
（作者根据资料数字化后自行绘制,历史资料来源于
淮阴市城市规划局——历史上淮阴市用地现状图）

图 7-17　1995 年淮阴城市用地现状图
（作者根据资料数字化后自行绘制,历史资料来源于淮
阴市城市规划局——历史上淮阴市用地现状图）

图 7-18　2000 年淮阴城市用地现状图
（作者根据资料数字化后自行绘制,历史资料来源于淮
阴市城市规划局——历史上淮阴市用地现状图）

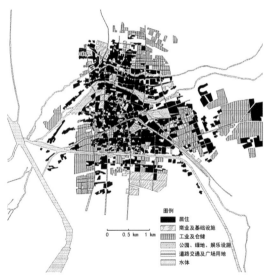

图 7-19　2009 年淮阴城市用地现状图
（作者根据资料数字化后自行绘制,历史资料来源于淮
阴市城市规划局——历史上淮阴市用地现状图）

7.2　基于 SLEUTH 模型的淮安城市建模

7.2.1　空间数据准备

图形数据来源于 1923 年、1937 年淮阴县历史地图。对范元中 1996 年著《淮阴市城市形态演变发展的研究》中各历史时期城市用地图进行数字化处理。1982 年、1995 年、2000 年、2009 年淮阴城市用地现状图,2009 年淮阴城市城市规划系列图,社会经济统计数据来源于《淮阴市城市形态

演变发展的研究》及《江苏省淮阴市城乡建设志》(表7-2)。

模型建立了两套不同的空间数据集，用于测试 SLEUTH 模型对不同元胞尺度、不同分辨率空间的计算能力。第一套空间数据集对城市用地进行精细程度建模，并设置不同的城市功能用地类型。模型将城市用地分为 5 种类型，分别为居住用地、商业及公共基础设施用地、工业及仓储用地、公园及娱乐设施用地、道路广场及交通设施用地。元胞空间分辨率分为 3 种：120 m×120 m，60 m×60 m，24 m×24 m。数据用于模型精细程度的演变、预测，以及城市空间增长对城市道路增长的敏感性分析。第二套空间数据集对城市及周边的环境进行空间建模，对非城市用地进行分类，分别为城市用地、农业用地、开发区、外围工业用地、村落及荒地。空间数据集对城市用地精细程度较低，仅勾勒城市发展边界。元胞空间分辨率分为 3 种：480 m×480 m，240 m×240 m，100 m×100 m。空间数据集用于观测城市用地的变化对周边环境产生的影响，及非城市用地土地利用类型的空间演变。城市研究范围为淮安市 2009 年城市规划区范围及周边区域。

表7-2 1982—2009 年间城市形态数据准备

数据图层	数据
城市边界层	1982、1995、2000、2009 年城市用地现状图
城市道路层	1982、1995、2000、2009 年城市道路现状图
城市排除层	河道、公园、湿地区域不可进行城市化
	2009 城市规划禁建、限建、适建、已建区域图
城市坡度层	平原区，无地形坡度
城市阴影层	2009 年城市遥感影像图
城市土地类型层	1982、1995、2000、2009 年城市功能分区图；2009 城市规划图

7.2.2 城市空间生成数据分析

由于城市的用地分类及功能空间的划分对城市的形态具有重要的作用，也是城市规划研究的主要内容，因此，模型将有功能用地分类的数据集与无功能用地分类的数据集分别运行，结果显示两者的运行结果不同，但差异不大。有功能用地分类与无功能用地分类数据运行结果对比如表7-3 至表7-6，图 7-20、7-21 所示。

表7-3 1982—2009 年间城市形态(无功能用地分类)数据校准表

	粗校准			精校准			最后校准		
增长参数	运行总数：3 127			运行总数：7 778			运行总数：42		
	蒙特卡洛迭代：4			蒙特卡洛迭代：7			蒙特卡洛迭代：9		
	元胞单元：120 m×120 m			元胞单元：120 m×120 m			元胞单元：60 m×60 m		
	范围	步数	指数	范围	步数	指数	范围	步数	指数
扩散系数	1~100	25	Compare =0.730 Population =0.920 Lee-Sallee =0.509	1~25	5	Compare =0.785 Population =0.913 Lee-Sallee =0.508	1~1	1	Compare =0.521 Population =0.927 Lee-Sallee =0.484
繁衍系数	1~100	25		1~25	5		1~1	1	
传播系数	1~100	25		75~100	5		75~75	1	
坡度系数	1~100	25		25~100	15		40~70	6	
道路引力系数	1~100	25		50~100	10		50~80	5	

表 7-4　1982—2009 年间城市形态(有功能用地分类)数据校准表

增长参数	粗校准(100×100)			精校准(100×100)			最后校准(200×200)		
	运行总数:3 127			运行总数:7 778			运行总数:42		
	蒙特卡洛迭代:4			蒙特卡洛迭代:7			蒙特卡洛迭代:9		
	元胞单元:120 m×120 m			元胞单元:120 m×120 m			元胞单元:60 m×60 m		
	范围	步数	指数	范围	步数	指数	范围	步数	指数
扩散系数	1~100	25	Compare =0.743 Population =0.924 Lee-Sallee =0.506 Fmatch =0.718	1~25	5	Compare =0.725 Population =0.918 Lee-Sallee =0.509 Fmatch =0.734	1~1	1	Compare =0.531 Population =0.932 Lee-Sallee =0.483 Fmatch =0.773
繁衍系数	1~100	25		1~25	5		1~1	1	
传播系数	1~100	25		75~100	5		75~75	1	
坡度系数	1~100	25		25~100	15		40~70	6	
道路引力系数	1~100	25		50~100	10		50~80	5	

表 7-5　数据(不包含原淮安市)精确校准后用于预测城市未来发展的城市增长系数

扩散系数	繁衍系数	传播系数	坡度系数	道路引力系数
1.13	1.13	84.51	21.88	51.81

蒙特卡洛迭代数:100

表 7-6　有城市用地分类与无城市用地分类城市增长数据对比

年份	城市增长簇的数量			城市增长率			每年新增城市用地(hm²)		
	有城市用地分类	无城市用地分类	差异	有城市用地分类	无城市用地分类	差异	有城市用地分类	无城市用地分类	差异
2010	173.86	175.23	1.37	4.93	4.92	0.01	3 702.24	3 698.96	3.28
2020	227.14	225.36	1.78	2.12	2.13	0.01	2 214.60	2 215.92	1.32
2030	181.27	180.86	0.41	1.19	1.20	0.01	1 450.32	1 455.58	5.26
2040	181.84	179.97	1.43	0.56	0.56	0	743.76	738.84	4.92

城市化概率(%):
已城市化
50-60
60-70
70-80
80-90
90-95
95-100

图 7-20　无城市用地分类的 2020 年增长图

图 7-21　有城市用地分类的 2020 年增长图

从城市历史数据的统计来看，城市在 1982 至 2000 年期间发展速度缓慢，而在 2000—2009 年，城市的发展规模迅速扩大，原因是 2001 年江苏省淮阴市政府实施"三淮一体"战略，原县级淮安市与淮阴市合并。另外，东部的省级经济技术开发区的建设也是城市迅速扩大的主要原因。

运行结果表现为如下问题：

（1）运行结果表明模型对于城市用地内部的分类并不敏感，但有无城市用地分类对未来城市的发展数据有一定的影响。城市的增长不表现在城市用地内部地块的边界增长，而是表现在城市外围边界的增长，因此城市用地内部的变化无法得到充分的反映，最终以外部边界增长的形式表达出来。迪图认为若仅将数据分为城市用地与非城市用地两种类型，则城市的增长是均值的增长，无法反映系统内部结构的动态性变化，简化了复杂系统内部的交互与影响作用①。但从运行数据分析，只有 Fmach 指数反映出城市用地分类的匹配指标，因此系统内部结构的动态性变化分析较为困难，需要重新将生成的图返回到地理信息系统软件中做进一步分析。

从不同时期的真实城市数据看，淮阴的工业用地的范围较大，上世纪 80 年代大小工业企业曾遍布城市中心区及周边范围，1982 年工业用地曾经占总用地的 26.34％。90 年代为了实现节约资源，保护环境的目的，中心区的二类、三类工业企业外迁，导致城市周边的工业用地数量增加，而城市中心区原先的工业用地被居住及商业用地取代。这种城市功能用地的结构性变化既是规划管理的作用和影响，也是竞价租金曲线决定均衡土地利用模式的作用。但城市元胞自动机模型最基本的空间增长假设是每年的城市增长是基于前一年的城市增长基础之上，对于地块的突现与迁移无法模拟，这也是城市元胞自动机模型的主要局限性。

（2）城市用地的增长是非线性的增长过程，模型生成的数据（不包含原淮安市）表明城市 2020 年后城市的增长速度明显放缓，原因是城市的发展受到周边河流水域的限制。但由于增速滑落到系统自修改系数中城市衰落阈值之下，因此，系统误认为城市进入衰落阶段，增速乘以衰落阈值系数后，城市增长接近于 0。

（3）模拟结果中形态指数不高（0.50）的原因主要是 2000 年后，淮阴城市东部建立了省级经济技术开发区，用地规模较大，打破了淮阴城市的基本形态。从自组织理论的角度出发，城市的基本形态应是自然演化，而非突然生成的。因此，程序对于突然生成的图形无法认知和匹配。

（4）模拟系统的自修改系数设定的增长阈值设定对于推动城市用地增长的作用不大。提高该系数，并不会提高城市边界增长速度，而是以在城市周边随机生成卫星城的方式增加城市用地。

7.2.3　城市元胞空间敏感度分析与对比

在土地利用建模中，空间尺度不仅会影响到土地利用模式的测度与量化描述，也会影响到模型参数或系数的设置。而模型的参数与系数又是决定土地利用动态变化行为的关键因素。在精细的城市元胞空间尺度上，空间的发展与变化往往与景观要素的活动行为相关联，而在宏观尺度的城市元胞空间尺度上，空间发展与演化则往往与环境、政府政策、宏观经济状况等相关联。因此，不同的城市空间尺度与空间的发展和变化有着密切的联系。大多数城市元胞自动机模型对城市元胞空间没有限定，意味着城市元胞自动机模型可以对任何级别的元胞空间进行模拟。本节以淮安城市空间发展为案例，测试模型对元胞空间尺度是否具有敏感性。

模型用于测试的数据以 1982—2009 年城市用地为基础数据，采用两种不同的数据集。数据集 1 为城市建模，3 种不同的元胞空间尺度作为测试目标，分别为 120 m×120 m、60 m×60 m、

---

① Dietzel C，Clarke K C. The Effect of Disaggregating Land Use Categories in Cellular Automata During Model Calibratrion and Forcasting[J]. Computers，Environment and Urban System，2006，10：78-101

24 m×24 m,如图 7-22 所示。数据集 2 为环境建模,3 种不同的元胞空间尺度作为测试目标,分别为 480 m×480 m、240 m×240 m、100 m×100 m。环境建模包括原县级淮安市和距离城市周边最近的工业用地和邻近村落空间,如图 7-23 所示。对上述 6 种元胞空间尺度做粗校准。测试的空间适配指标数分别为比较指数、总数指数、边缘指数和形态指数。测试列举了 4 类常用的空间指标数作为实验参考(其中,边缘指数描述空间边缘像素,并非空间适配指数)。为了表达城市空间增长系数与空间适配指标数之间的关系,以下做了具体的列表和对比。

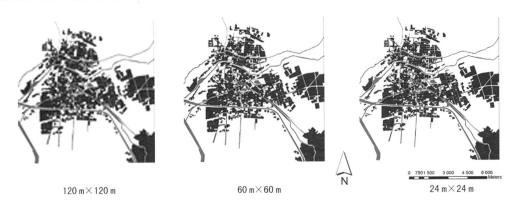

120 m×120 m　　　　60 m×60 m　　　　24 m×24 m

图 7-22　3 种不同的元胞空间尺度(城市建模)

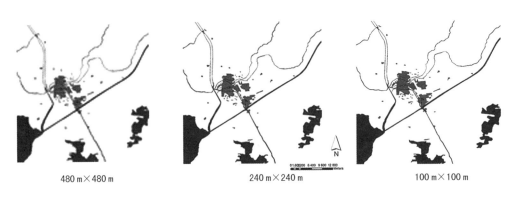

480 m×480 m　　　　240 m×240 m　　　　100 m×100 m

图 7-23　3 种不同的元胞空间尺度(环境建模)

1) 元胞空间的尺度敏感性

两套数据的分析结果(表 7-7、7-8)表明,对于淮安城市案例来说,100 m×100 m 到 120 m×120 m 范围的空间适配指标数最高。也就是说,建模的精细程度对于 SLEUTH 模型来说并非越细越好。最精细程度的分辨率 24 m×24 m 的空间适配指标数最低,同时,随着分辨率逐渐增大,至 480 m×480 m 时,空间适配指标数也在不断降低。假设以形态指数为标准,100 m×100 m 空间分辨率元胞在粗校准阶段最高可以达到 0.54,120 m×120 m 空间分辨率元胞最高可以达到 0.51,而 24 m×24 m 空间分辨率元胞最高只能达到 0.45。因此,从上述数据结果可以认为 SLEUTH 模型对于元胞空间的尺度具有敏感性。

表 7-7　系统对城市建模 3 种元胞空间尺度敏感性测度表结果

空间元胞大小(m)	评价指标数				空间增长系数				
	比较指数	总数指数	边缘指数	形态指数	扩散系数	繁衍系数	传播系数	坡度系数	道路引力系数
运行数：3 127									
蒙特卡洛迭代：7									
A：比较指数的适配数(取比较指数最大值时，增长系数范围)									
120×120	1	0.89	0.49	0.33	1～25	25～100	1～75	—	75～100
60×60	1	0.98	0.79	0.43	1	75～100	75	—	—
24×24	1	1	0.81	0.35	25～100	25	25～50	—	25～100
B：总数指数的适配数(取总数指数最大值时，增长系数范围)									
120×120	0.50	0.96	0.42	0.33	50～75	1	50～75	—	50～75
60×60	0.68	1	0.79	0.36	75	1	75	—	50～100
24×24	0.68	1	0.79	0.34	25	25	75	—	1～50
C：边缘指数的适配数(取边缘指数最大值时，增长系数范围)									
120×120	0.34	0.83	1	0.25	25～50	25～50	50～75	—	—
60×60	0.28	0.83	1	0.19	50～100	25～75	75～100	—	1～75
24×24	0.22	0.88	1	0.16	75～100	75～100	100	—	1～25
D：形态指数的适配数(取形态指数最大值时，增长系数范围)									
120×120	0.73	0.92	0.50	0.51	1	1	75	—	75～100
60×60	0.56	0.93	0.76	0.49	1	1	100	—	25～100
24×24	0.44	0.93	0.80	0.45	1	1	100	—	—

表 7-8　系统对环境建模 3 种元胞空间尺度敏感性测度表结果

空间元胞大小(m)	评价指标数				空间增长系数				
	比较指数	总数指数	边缘指数	形态指数	扩散系数	繁衍系数	传播系数	坡度系数	道路引力系数
运行数：3125									
蒙特卡洛迭代：7									
A：比较指数的适配数(取比较指数最大值时，增长系数范围)									
480×480	0.83	0.54	0.35	0.31	1	25～50	1	—	1～50
240×240	0.99	0.80	0.05	0.29	1	—	1～25	—	—
100×100	0.99	0.90	0.00	0.22	1～50	—	1～25	—	—
B：总数指数的适配数(取总数指数最大值时，增长系数范围)									
480×480	0.11	0.69	0.30	0.14	50～75	1	50	—	1～50
240×240	0.10	0.90	0.03	0.14	75	1	50～75	—	1～75
100×100	0.18	0.97	0.01	0.16	25	25	50～75	—	1～25
C：边缘指数的适配数(取边缘指数最大值时，增长系数范围)									
480×480	0.06	0.65	1	0.09	50～75	1～50	25～75	—	50～100
240×240	0.05	0.79	1	0.06	25～50	50～100	50～75	—	1～25
100×100	0.04	0.91	1	0.04	50～75	50～75	75	—	50～100
D：形态指数的适配数(取形态指数最大值时，增长系数范围)									
480×480	0.60	0.55	0.35	0.46	1	1	1	—	1～75
240×240	0.77	0.83	0.04	0.51	1	1	25～50	—	1～50
100×100	0.70	0.93	0.00	0.54	1	1	75～100	—	1～25

注：表中一代表未检测到可用数据，由于淮安城市区域基本没有地形坡度，因此坡度系数在粗校准阶段无法识别。

由于模型对元胞空间的尺度具有敏感性,因此,在城市空间增长数据的选择与调整中也会出现相应的有关敏感性问题。例如,将 100 m×100 m 元胞空间分辨率的校准参数作为 24 m×24 m 的空间增长参数时,模型的运行会出现一定的偏差。克拉克提出低分辨率的图用于粗校准,而高分辨率的图用于精校准或最后校准[1]。坎多(J. Candau)通过案例的测试认为不应将低分辨率的校准参数用于高分辨率图的运行参数[2]。对于淮安案例,表 7-9 做了有关增长系数校准的测试。

表 7-9 的测试结果表明,对于淮安城市的案例而言,两种方式的空间适配指标数接近,采取任何一种方式都可以达到相似的值。共同的特征是在粗校准阶段,空间适配指数较高,随着空间元胞分辨率的提高,在精校准阶段空间适配指数下降。空间适配指标数中的边缘指标是依赖于元胞空间尺度的,随着空间分辨率的增加,边缘指标适配数会越来越高。而国外的研究案例则表现为精校准阶段的空间适配指数比粗校准阶段的空间适配要高一点,这与模型对空间尺度的敏感性问题关联。虽然两种方式的空间适配指标数接近,但若将系数用于未来的城市增长运行,却会产生不同的城市增长系数,因此也会导致产生不同的城市增长轨迹。由于未来城市增长轨迹无法与现实数据校核,目前,没有证据表明采取哪一种校准方式会更加合理。同时,不同的项目、不同的案例或是不同的元胞空间尺度对于数据校准也会产生不同的结果,因此,应根据具体的案例情况确定数据校准方式。

表 7-9　元胞空间尺度的校准测试

校准方式	元胞空间尺度(m)	校准级别	运行数据	空间适配指标数				校准后的增长系数值
				比较	总数	边缘	形态	
对每个不同的城市元胞空间各自校准	120×120	粗校准	蒙特卡洛数:7 运行数:3 125	0.732	0.925	0.543	0.511	扩散系数:1 繁衍系数:16 传播系数:21 坡度系数:6 道路引力:13
		精校准	蒙特卡洛数:9 运行数:3 127	0.514	0.923	0.536	0.474	
		最后校准	蒙特卡洛数:11 运行数:25	0.512	0.918	0.523	0.464	
	60×60	粗校准	蒙特卡洛数:7 运行数:3125	0.564	0.926	0.758	0.485	扩散系数:1 繁衍系数:1 传播系数:100 坡度系数:1 道路引力:82
		精校准	蒙特卡洛数:9 运行数:4500	0.562	0.934	0.774	0.494	
		最后校准	蒙特卡洛数:11 运行数:25	0.563	0.931	0.783	0.493	
	24×24	粗校准	蒙特卡洛数:7 运行数:3125	0.441	0.926	0.801	0.451	扩散系数:1 繁衍系数:6 传播系数:100 坡度系数:1 道路引力:17
		精校准	蒙特卡洛数:9 运行数:3752	0.451	0.946	0.848	0.452	
		最后校准	蒙特卡洛数:11 运行数:30	0.451	0.946	0.837	0.451	
120×120m 用于粗校准,校准结果用于 60×60 m,24×24 m 元胞空间	120×120	粗校准	蒙特卡洛数:7 运行数:3 125	0.732	0.925	0.543	0.511	扩散系数:1 繁衍系数:1 传播系数:98 坡度系数:9 道路引力:70
	60×60	精校准	蒙特卡洛数:9 运行数:4 500	0.560	0.929	0.768	0.488	
	24×24	最后校准	蒙特卡洛数:11 运行数:330	0.560	0.930	0.827	0.451	

①　http://www.ncgia.ucsb.edu/projects/gig/index.html
②　Candau J. Temporal Calibration Sensitivity of the SLEUTH Urban Growth Model[D]. Santa Barbara:Department of Geography, University of California, Santa Barbara, 2002

本节的研究结果表明，利用 SLEUTH 模型研究城市的增长行为和增长特征，应选择适当的空间尺度，不应过于强调模型的精细度。同时，SLEUTH 模型对于环境与城市之间的动态增长的模拟与分析比单纯研究城市本身的增长要更加有效。从淮安案例可以发现环境建模比城市建模的研究成果更加丰富，并可以从政府的政策调整、发展目标等宏观政策角度测试未来城市增长的结构与形态。

2）城市空间增长系数与空间适配指标数之间的关系

SLEUTH 模型提供了 13 种空间适配指标数用于空间适配性的评定，不同的指标数往往强调图形匹配的一个方面。比较指数（Compare）用于显示最后一年模拟的城市化数据与真实城市像素值之间的比率，而形态指数（Leesalle）用于显示模拟城市与真实城市空间数据形状匹配程度。两种指数都是较典型的空间适配指数，本节通过上述两种指数与城市空间增长系数之间的关系图显示其中的关联关系。

由图 7-24 可知，以形态指数为标准，扩散系数随着数值的增大，空间匹配性逐渐降低，因此表明淮安城市的发展中自发因素或是随机城市化增长要素较低，城市发展的形体紧凑，并未出现低密度蔓延式的发展趋势。由于扩散系数较低，而繁衍系数是反映自发城市化像素点形成城市中心的能力，因此，繁衍系数也随着数值的增大，空间匹配性逐渐降低。传播系数随着数值的增大，空间匹配性逐渐增加，表明淮安城市主要以城市周边不断扩散的方式逐渐增长，边缘扩散的增长明显。道路引力的增长系数发展趋势不明显，每个系数段中空间匹配性大致相当。

以比较指数为标准增长系数分布图

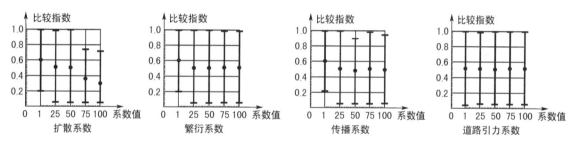

以形态指数为标准增长系数分布图

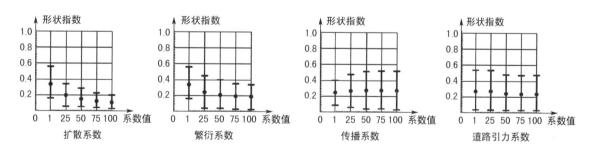

图 7-24　城市空间增长模式系数与空间适配指标数之间的关系图

图中粗线表示数据的最高和最低值，圆点表示均值（注：以 100 m×100 m 空间元胞单元为例模拟淮安城市自 1982—2009 年粗校准数据为基础，数据参见表 7-8）

3）城市空间增长系数与城市元胞空间尺度之间的关系

图 7-25 显示城市空间增长系数与城市元胞空间尺度之间的关系。从图中可知相同的城市空间增长系数对不同元胞空间尺度产生的作用不同，对空间分辨率低的图效果最为显著，而对空间分辨率高的图效果则减弱。因此，若期望空间分辨率高的图达到空间分辨率低的图的城市空间增长结果，需要增加城市空间增长系数。

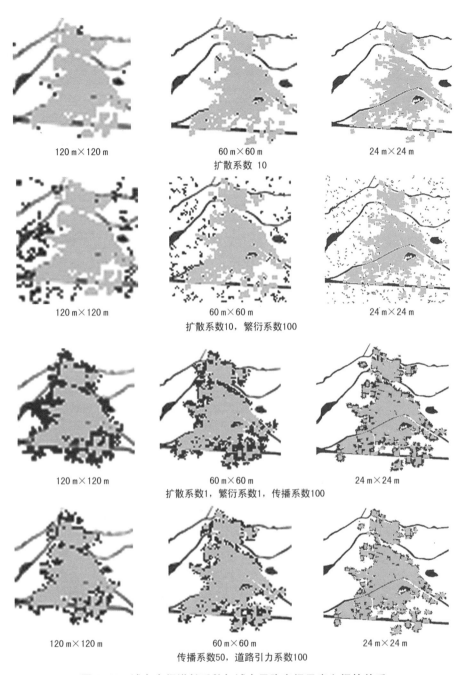

120 m×120 m   60 m×60 m   24 m×24 m

扩散系数 10

120 m×120 m   60 m×60 m   24 m×24 m

扩散系数10，繁衍系数100

120 m×120 m   60 m×60 m   24 m×24 m

扩散系数1，繁衍系数1，传播系数100

120 m×120 m   60 m×60 m   24 m×24 m

传播系数50，道路引力系数100

图 7-25　城市空间增长系数与城市元胞空间尺度之间的关系

4）小结

无论从校准数据，还是从运行图的结果都可以看出模型对元胞空间尺度的敏感性。对于淮安城市案例来说，比较指数与形态指数都显示建模的精细程度并非越细越好。最精细程度的分辨率（24 m×24 m）的空间适配指标数最低，同时，随着分辨率逐渐增大，至 480 m×480 m 时，空间适配指标数也在不断降低。100 m×100 m 至 120 m×120 m 的元胞空间尺度得到的间适配指标数最高，如图 7-26 所示。元胞空间尺度是否适宜与多种因素关联，这些因素包括城市本身的空间形态特征、空间结构特征以及程序对图形的认知与算法等等。

除上述讨论的有关空间敏感性问题之外，还有如下问题：

在城市建模过程中，道路的建模根据道路的可达性，将道路分为3类，分别是城市主干道、次干道和支路。在道路图层根据不同的道路种类分别赋予了3种不同的权重设置，主干道像素值为100，次干道像素值为50，支路的像素值为25。根据程序规则的设定，主干道的道路引力作用应大于次干道和支路。从模拟结果看，道路的权重性能基本没有从图面反映出来。其中一个可能的原因是城市道路位于城市边界内部，在城市发展初期，沿道路周边的非城市化用地就已转变为城市化用地。在环境建模中，道路系统设置的种类

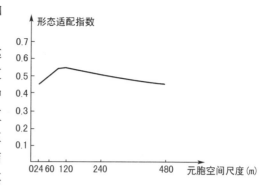

图 7-26　淮安案例模型元胞空间尺度的敏感性分析图

为高速公路、国道和省道。但上述道路与城市内部道路性质完全不同，以高速公路为例，高速公路两侧宜设施缓冲绿带，不适宜城市用地的拓展。如何在模型中设置不同的道路类型是主要问题。因此，城市模型如何有效地反映道路对城市空间的扩展与吸引作用仍有待进一步探讨。

每种不同的空间适配指标数都是对应于城市空间增长的某方面适配性而言，当某个空间适配指标达到高值时，其他的空间适配指标值则较低。因此，城市空间增长的适配性无法从一个指标数体现出来，而是需要多个指标数从多方面综合体现。这也给模型的评估带来一定的困难。

7.3　淮安城市模型与城市规划管理、评估与预测

大尺度城市模型对城市规划管理和评估作用主要从以下几个方面展开。首先，城市模型通过对历史数据的检验和校正作为空间增长演化的研究依据，具有科学性特征。其次，通过检验与校正的数据可以进一步预测城市的未来形态，其情景预测被认为是处理城市规划中不确定性因素的工具。最后，城市模型不仅用于研究城市边界或形态，还可通过海量数据探讨城市演化过程中的非线性发展等复杂系统问题。此类问题的感知无法通过数学公式或方程进行推理或计算，只能通过自下而上的城市建模以模拟方式获得。

以下探讨在淮安的研究案例中城市模型对淮安城市空间增长的分析与规划管理和预测等问题。

7.3.1　城市空间增长的自组织与他组织

从系统论的角度分析，"自组织"是指一个系统在内在机制的驱动下，自行从简单向复杂、粗糙向细致方向发展的过程。从空间上分析，自组织的演化过程应是一个有序的结构，是在环境不对组织结构进行特定的干预之下，组织与环境之间通过能量、物质与信息交换的结果。在城市空间增长的过程中，自组织空间对发展的初期状态高度敏感，换句话说，城市发展初期形态决定了自组织空间的发展过程。这个发展过程包含了城市空间发展的主要特征，涉及非线性特征、有序性特征、自相似性特征和不确定性特征等等。

运用元胞自动机模拟城市空间的发展特征与规律，是通过定义转换规则来实现城市用地的转换，而转换规则反映了城市增长规律的特征，多数情况下是人定的（数据挖掘方法除外）。城市空间发展机制理论是转换规则定义的主要依据，城市空间逐步、有序、渐进式的扩大与发展是大多数城市增长的基本轨迹，也是 SLEUTH 模型的基本立足点。模型对元胞空间的计算识别是通过像

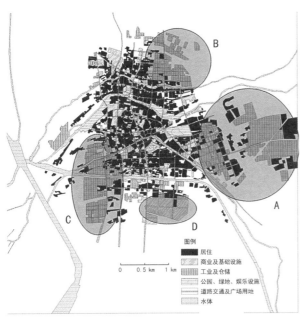

图 7-27　淮安 2009 城市用地现状图中他组织
空间的发展区域分析

图例
■ 居住
▨ 商业及基础设施
▨ 工业及仓储
▨ 公园、绿地、娱乐设施
▨ 道路交通及广场用地
▨ 水体

0　　0.5 km　　1 km

素点的交集或并集的方式进行识别。

但每个城市的发展过程在每个不同历史时期都会有所不同。以淮安为例,虽然在 20 世纪 50—60 年代城市建成区曾经有所缩减,但 1978 年后的城市发展是较为稳定的。城市空间形态的发展与变化主要表现为边缘扩展,并逐渐与北部的王营镇合并,体现了城市空间发展的两种自组织空间发展模式:渐进式扩展与合并。城市发展的突变是在 1992 年后,邓小平南方谈话促使城市发展进入新的发展阶段,城市规划发展主轴东移至淮扬路以北,建立省级经济技术开发区(1995 年批准用地规模 6.4 km²)。2009 年的城市现状图(图 7-27)中,东部经济开发区面积非常大,影响到了整个城市发展形态。除此之外,西侧的盐化学工业园、南侧的高教园、北部的淮阴工业园区均是在短时间内通过城市规划他组织力量形成的城市用地。对于元胞自动机模型来说,这种形态变化的计算图形是无法识别的,空间适配指标数明显降低说明空间无法适配。输入图层分别为 1978、1982、1995、2000 年的空间数据集,空间适配指数较高,形态指数接近 0.6。而输入图层分别为 1982、1995、2000、2009 的空间数据集,空间适配指数较低,形态指数接近 0.5。同时,不同的输入数据图层显示不同的空间增长系数,最大差异体现在传播系数。当输入图层包含 2009 年的空间数据集时,传播系数显著增加表明城市扩散增长速度的加快。

图 7-28 的增长系数差异也表明城市在不同的发展时期具有不同的空间增长行为。对城市空间的模拟应选择城市在一个发展稳定时期的多时段空间数据集作为空间增长行为的研究对象,不应跨度过大,将不同发展时期的空间增长结果放在一个空间数据集中研究。

尽管在城市规划中,专家对于自组织与他组织的概念仍存在很多的讨论和争议,城市空间发展中的自组织空间与他组织空间常常是交织并存、无法区分的。但对于计算机图形学中的计算认知来说,自组织空间的轮廓是非常明确而清晰的,即空间的发展不是突然生成的,而是演化而来的、是有规律的,同时也是可以通过逻辑关系定义出来的。

7.3.2　多分辨率的空间差异问题

模型用于测试的数据以 1982—2009 年城市用地为基础数据,采用两种不同的数据集。数据集 1 为城市建模,3 种不同的元胞空间尺度分别为 120 m×120 m、60 m×60 m、24 m×24 m。城市建模不包括原县级淮安市和周边的村落。数据集 2 为环境建模,3 种不同的元胞空间尺度分别为 480 m×480 m、240 m×240 m、100 m×100 m。环境建模包括原县级淮安市和距离城市周边最近的工业用地和邻近村落空间。测试结果显示 SLEUTH 模型对元胞空间尺度敏感。以空间形态匹配指数为参考标准,100 m×100 m 至 120 m×120 m 的元胞空间尺度最合适。

元胞空间尺度直接涉及的模型输出问题就是图形的分辨率与城市增长行为之间的关系。在城市元胞自动机模型中,城市空间增长规则定义的高度灵活性导致空间增长参数集的确定相当困难,空间增长参数集是否准确又关系到未来空间发展的轨迹预测是否具有科学的依据。因此,数

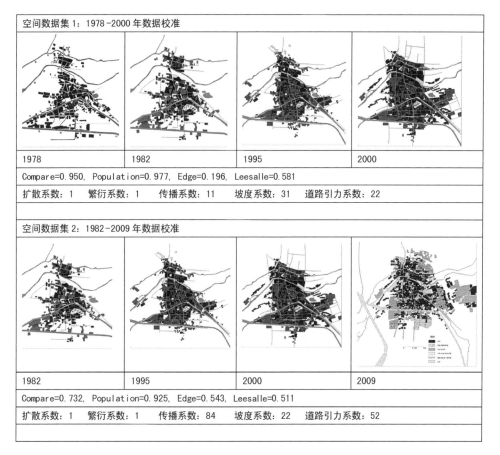

图 7-28　两种不同的输入图层空间数据集数据校准后的空间适配指标数及空间增长系数的对比

据校准成为确定参数集设定的唯一方式。SLEUTH 模型传统的数据校准方式是运用低分辨率图像进行粗校准，系数校准范围最大。将校准结果比对和评估，缩小系数校准范围，用中分辨率图像进行精校准。将精校准结果比对和评估，再进一步缩小系数校准范围，最后用高分辨率图像进行最后校准。最后校准后可以获得最终的空间增长系数集。表 7-9 显示在淮安案例中，对每个不同分辨率图像逐个进行粗校准、精校准和最后校准的结果与传统校准方法的结果比较。从空间匹配指数上看，两种方法的输出结果接近。从最终生成的空间增长数据集看，不同分辨率图像空间增长系数各不相同。从表 7-9 数据结果提取后如表 7-10 所示。假设将 100 像素×100 像素图像分辨率的空间增长系数集应用于其他分辨率的图像，结果如图 7-29 所示，城市用地面积增长曲线差异如图 7-30 所示。

表 7-10　不同分辨率图像空间增长系数校准比较

数据校准			空间增长系数集				
数据校准方法	图像分辨率（像素）	元胞空间尺度（m）	扩散系数	蔓延系数	传播系数	坡度系数	道路引力系数
非常规方法	100×100 粗校准，精校准，最后校准	120×120	1	16	21	6	13
	200×200 粗校准，精校准，最后校准	60×60	1	1	100	1	82
	500×500 粗校准，精校准，最后校准	24×24	1	6	100	1	17
常规方法	100×100 粗校准，200×200 精校准，500×500 最后校准	120×120 60×60 24×24	1	1	98	9	70

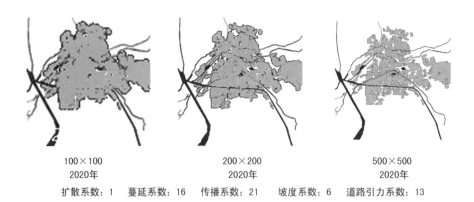

100×100 2020年	200×200 2020年	500×500 2020年

扩散系数：1　蔓延系数：16　传播系数：21　坡度系数：6　道路引力系数：13

图7-29　将低分辨率生成的空间数据集用于不同分辨率的图像后的城市增长结果图(2009—2020年)

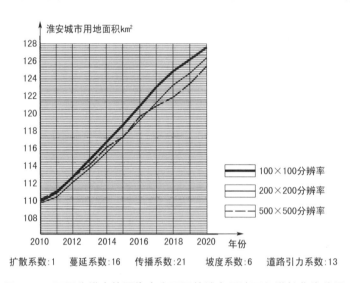

扩散系数：1　蔓延系数：16　传播系数：21　坡度系数：6　道路引力系数：13

图7-30　不同分辨率的图像产生不同的城市用地面积增长曲线差异

图表显示不同分辨率的图像、不同的数据校准方法会产生不同的城市增长系数，导致未来城市发展不同的空间增长轨迹。在淮安案例中，传播系数的差异是最大的，也是对空间分辨率最敏感的一个空间发展系数。在低分辨率图像中，该值较低，在高分辨率图像中，该值较高。而扩散系数和蔓延系数的差异不是非常显著。坡度系数和道路引力系数会有较大幅度的波动变化。因此，淮安案例的研究显示城市空间增长系数对图像分辨率敏感。今后在进行空间增长系数的校准时应针对某分辨率的图像，而不是将校准结果应用于多分辨率的图像。

7.3.3　对城市空间非线性发展特征的模拟

两套不同的空间数据运行后显示了空间增长的非线性特征。数据显示第二套数据集(即城市发展包含原县级淮安市)计算机模拟结果与现实的城市增长数据接近(图7-31)。城市用地增速增加，非线性特征明显。从计算图形认知角度出发，城市用地增速增加的一个原因是由于原县级淮安市与淮阴的城市之间有一定距离，两个区域城市空间边界同时增长并逐渐融合。因此，可以推断相对于一个区域空间边界的城市增长来说，两个分离的区域空间增长速度相对较高。这种城市空间非线性发展特征是人无法想象出来的，只能通过计算和模拟表现出来。

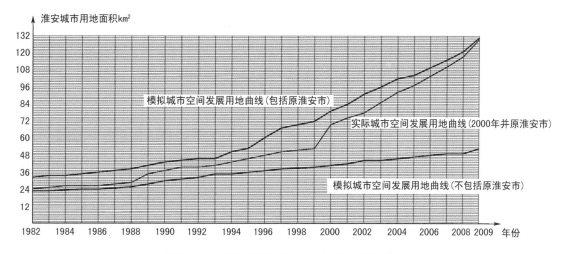

图 7-31　城市用地增长的实际与模拟数据对比

模拟城市空间发展用地包含原县级淮安市，由于缺乏原县级淮安市历史城市用地发展数据，当前数据
为 2000 年原县级淮安市占据淮安城市用地的比例推算得到。数据资料来源参见表 7-1

7.3.4　2010—2040 年淮安城市空间发展的情景预测

情景预测方法是假定某种现象或某种趋势将持续到未来的前提下，对预测对象可能出现的情况或引起的后果做出预测的方法。在认知心理学中，人们发现人类具有一种特殊功能，可以将记忆中多种信息碎片进行整合、推理并应用于特定问题的解决之中。这种信息处理过程（国外称之为 chunking）是人类认知问题和解决问题的主要方式。在复杂系统的认知背景之下的城市规划中，不确定性已经成为社会的重要特征，也是城市作为复杂系统的重要特质。规划设计人员在规划中所面临的不确定因素超过了以往的任何时候。情景规划方法应运而生，该方法通过假定未来场景的方式，被认为是处理城市规划中不确定性因素的工具。虽然情景规划没有一致的定义，但普遍认为是通过定性或定量的变量组合来描述未来系统的状态或是当前空间发展到未来状态的图景。

1）情景预测在城市规划中的作用

从认知心理学角度分析，情景预测一方面可以为规划人员与政府决策者或是公众之间提供认知与交流的平台，另一方面也可以弥补人类在对事物的发展进行预测时的内在缺陷性[1]。有效的情景预测可以帮助人们进行设计方案的选定和决策。对于城市规划，要进行有效的情景预测，首先模型本身必须具有科学的、逻辑的推导和演化方法，并形成系统的、有说服力的空间演化解释。另外，还要求模型具有一致性原则，即前后发展趋势的一致性或发展结果的一致性等等。一致性也是人们理解和检测情景是否有效的标准。有效的情景可以帮助人们理解城市空间发展的主体驱动力，例如经济政策、环境质量以及社会公平性等等。

虽然人们强调一致性在情景预测中的重要性，但并不表明情景预测的结果完全在人们的预期之中。事实上，情景预测常常具有令人惊诧的结果，正是这些不在人们预期与想象当中的结果才能真正激发人们的想象能力和方案选择能力。因此，在情景预测中既要强调一致性原则，也要重视那些在人们预期之外的结果。从复杂系统理论角度分析，情景模拟反映的是一个复杂系统，人们预期之外的突现或涌现现象。涌现是复杂系统最本质的特征，若在一个科学的情景模拟中能够

① Xiang W N，Clarke K C. The Use of Scenarios in Land-Use Planning[J]. Environment and Planning B：Planning and Design，2003，30(6)：885-909

反映出空间的涌现现象则能充分证明复杂系统的本质特征,并反映出系统的不确定性特征。而在传统城市规划中,人们正是缺乏对空间不确定性特征的把握能力,因此,科学的情景预测对研究城市空间中的涌现现象以及不确定性特征具有重要意义。而其更重要的意义还表现在城市规划终于可以像物理或化学实验一样在一个实验室以实验场景的形式展现出来。

2)城市模型的情景预测

城市模型在城市历史数据校准的基础上,对未来城市空间形态与结构的预测分为3种:第一种是未来城市空间发展的外部条件保持不变、城市内部空间发展的驱动力不变,假设城市未来的发展趋势是延续了当前城市的城市增长趋势。城市形态预测是将历史数据校准后的值应用于未来城市的空间发展预测。第二种是通过引入排除层,增加未来城市发展的规划政策、经济、环境生态等制约因素来推演未来城市的空间发展形态。未来城市的空间发展运行仍然是历史数据校准后的值。第三种是根据历史数据的演化趋势和结果,修改数据校准后的值,即根据规划目标或规划准则作为标准和依据设定城市空间发展的增长系数,通过生成的情景图或是多方案情景图帮助政府部门做出规划决策。因此,后两种方法都是将城市模型应用于城市规划方案管理、评估与决策的工具。

3)没有特定限制条件下城市空间形态预测

模型选用环境建模的数据。根据对历史数据的校准(校准结果如表7-8所示),假设对淮安未来城市的发展没有用地限制的情况下,通过对过去10年的城市增长趋势判断未来的增长,如图7-32所示,数据校准后用于预测城市未来发展的城市增长系数与空间适配指标见表7-11所示。因此预测,30年后,城市将呈圆形的团状结构,南侧的发展受到苏北灌溉总渠的影响,形态逐渐向西南,东北方向倾斜。西侧的淮沭新河也限制了城市西侧的发展。京杭运河对城市形态的发展几乎没有影响,逐渐成为城市内河。到2040年,城市用地面积接近298 km²,增长速度前快后慢,前10年的增速约为4%～5%,后20年的增速为2%～4%。增长速度减缓的原因是受到周边道路及河流的影响和制约,从城市空间增长系数变化分析,前10年的增长几乎沿着城市边界扩张,而后20年逐渐出现了自发增长和繁衍增长的趋势,如表7-12所示。

表7-11　数据校准后用于预测城市未来发展的城市增长系数与空间适配指标

扩散系数	繁衍系数	传播系数	坡度系数	道路引力系数
1	1	85	70	22

蒙特卡洛迭代数:100

比较指数	总数指数	形态指数
0.67	0.93	0.54

表7-12　2010—2040年城市增长基础数据表(对未来城市用地没有特定限制的条件下)

年份	城市用地面积(km²)	城市用地增长率	城市簇的数量	扩散系数	繁衍系数	传播系数	道路引力系数
2010	109.20	5.30	51.27	1.00	1.00	85.00	22.00
2015	143.10	4.98	99.99	1.05	1.05	89.34	22.53
2020	177.30	3.73	108.33	1.10	1.10	93.89	23.11
2025	210.45	3.13	121.11	1.16	1.16	98.68	23.74
2030	241.80	2.46	135.22	1.22	1.22	100.00	24.42
2035	270.45	2.08	151.52	1.28	1.28	100.00	25.15
2040	298.50	1.89	170.22	1.35	1.35	100.00	25.93

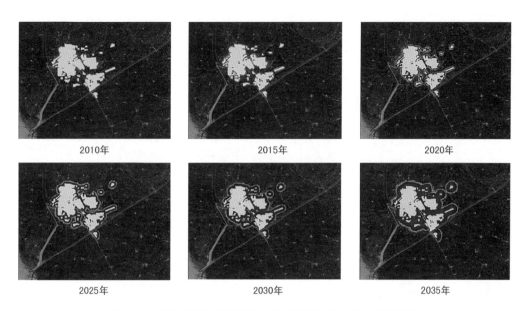

2010年　　　　　　　2015年　　　　　　　2020年

2025年　　　　　　　2030年　　　　　　　2035年

图 7-32　没有用地限制情况下未来淮安城市的空间发展模拟

4) 城市用地限制条件下城市空间形态预测

2011 年 7 月 31 日,江苏省政府正式批复了《淮安市城市总体规划(2009—2030)年》(苏政复〔2011〕50 号文)。规划区范围包括淮安市辖区,面积为 3 171 km²,以及涟水县陈师镇在宁连高速公路以西、空港部分地区,面积约为 15 km²,规划区总面积约为 3 186 km²。在《历史文化资源保护规划》中,提出保护集中大运河淮安段文化遗产。保护大运河水利工程及相关文化遗产、其他大运河物质文化遗产、运河聚落遗产、大运河生态与景观环境和大运河相关非物质文化遗产;保护镇村选址和生长的历史环境和自然环境;保护古镇村内部街巷格局;保护传统风貌及传统文化;修缮更新历史建筑,维持原有风貌;对新建建筑进行适当引导,减少对老建筑及现有传统面貌的建设性破坏。依此规划原则,规划区划定了禁建、限建、适建和已建 4 个区域,如图 7-33 所示。对于城市的空间发展,提出近期完善高速公路环内的城市建设,中远期城市跨京沪高速公路向东发展,跨淮盐高速公路向南延伸的发展方向。

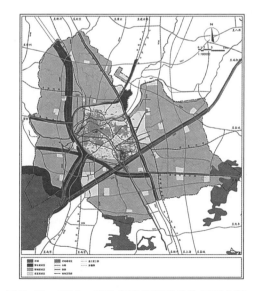

**图 7-33　2009—2030 年淮安城市总体规划之禁
建、限建、适建和已建 4 个区域图**

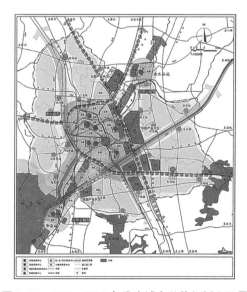

**图 7-34　2009—2030 年淮安城市总体规划之远景
构想图**

以《淮安市城市总体规划(2009—2030)年》对生态环境和自然环境的保护以及镇村选址和生长的历史环境的保护原则,模型生成了对未来城市用地限制的排除图层,如图7-35所示。模拟后的情景如图7-36所示。

禁建区域:河流,水域

权重值:100

限建区域1:村庄、河流及高速公路缓冲带

权重值:50

限建区域2:淮沭新河以西,宁连公路以北区域农田,京杭运河以东,苏北灌溉总渠以南区域农田。

权重值:25

适建区域:除已建区域外其余区域

权重值:0

图 7-35　排除层图示　排除层的权重设定

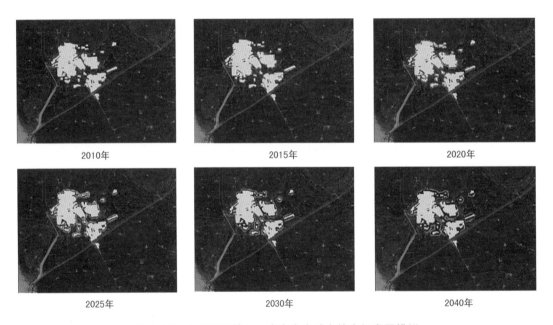

图 7-36　用地限制情况下未来淮安城市的空间发展模拟

对城市的空间发展增加限制图层后,城市空间的拓展明显受到限制。至2040年,城市用地面积仅有180 km²,比没有空间发展限制的情况下少了118 km²(表7-13)。城市簇的数量自2020年开始逐渐减少,说明城市发展空间受到一定制约,发展速度开始逐渐下降。2035年后,由于空间制约因素作用,城市的增长速度明显放缓,空间增长逐渐停滞。东北、西南方向的空间引导作用并不显著,原因是受到京沪高速、淮徐高速和宁连高速的缓冲带的制约。由于缺少洪泽县与涟水县的历史信息,环境建模中只包含淮安市区,没有对西南侧的洪泽县和东北侧的涟水县建模,因此,两个县城未来对淮安市的空间带动作用不得而知,但可以肯定的是,伴随着两个县城空间的逐渐扩大,一定会引导淮安城市空间向东北与西南方向延伸。

对未来城市用地限制与非限制情况下的空间对比参见图 7-37。A、B、C、D、E 显示了不同的城市空间形态。较明显的差异表现在城市西侧,由于农田保护的排除图层作用,未来城市的空间在西侧几乎没有发展,而是在东侧及南侧拓展。

表 7-13 2010—2040 年城市增长基础数据表(对未来城市用地限制的条件下)

年份	城市用地面积 (km²)	城市用地 增长率	城市簇的数量	扩散系数	繁衍系数	传播系数	道路引力系数
2010	106.95	3.38	35.18	1.00	1.00	85.00	22.00
2015	123.45	2.51	60.28	1.05	1.05	89.34	22.52
2020	138.00	2.04	58.52	1.10	1.10	93.89	23.05
2025	150.15	1.68	51.23	1.16	1.16	98.68	23.62
2030	163.05	1.34	48.78	1.22	1.22	100.00	24.17
2035	172.95	1.07	47.43	1.23	1.23	99.70	24.34
2040	180.60	0.68	43.62	0.94	0.94	76.40	24.02

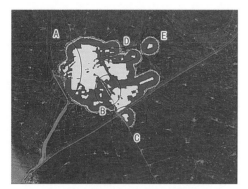
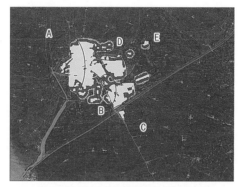

2040年未限定城市发展空间的空间形态图　　　　2040年限定城市发展空间后的空间形态图

图 7-37 非限定与限定后淮安未来空间发展差异分析图

(注:空间差异体现在 A、B、C、D、E 5 个区域)

7.3.5 从城市模型看淮安城市的发展与问题

通过淮安案例的测试和模拟可以看到元胞自动机模型在真实城市增长研究过程中的优势与局限性。优势体现在通过历史数据和信息提取城市增长的基本规律,专家称为"城市的DNA"。通过数据的校准进行信息的检测和校正,该过程是以统计学的基本方法为依据,具有科学性特征。在此基础上,进一步预测城市空间发展的未来形态。由于以科学性数据为前提,因此空间发展未来形态的预测同样具有重要的研究价值和依据。局限性表现在城市元胞自动机模型适用于自组织特征明显的城市或村落空间,对于他组织特征明显的城市空间发展,模拟结果的空间匹配率较低,不适合运用城市元胞自动机来模拟。因此,对城市元胞自动机的应用和研究范围应有所界定。

从城市模型的演化看淮安城市的发展特征主要表现为:

(1) 2000 年之前,淮安城市的发展中自发因素较低,城市发展的形体紧凑,并未出现低密度蔓延式的发展趋势。传播系数值较高,表明淮安城市主要以城市周边不断扩散的方式逐渐增长,边缘扩散的增长明显。道路引力的增长系数发展趋势不明显。城市自组织空间发展的特征较为明显。

（2）2000 年后，淮安经历了城市迅速发展的阶段，城市周边几个开发区的发展迅速改变了城市边界与城市形态。在城市模型中表现为城市用地的迅速增加，空间匹配的各个指数迅速降低，计算机模型对城市边缘形态的认知能力下降。政府实施"三淮一体"战略也是导致城市迅速发展的因素。

（3）城市模型显示，对城市的空间发展增加城市规划的空间制约以后，城市空间的拓展明显受到限制。通过预测，2035 年后，由于空间制约因素作用，城市的增长速度明显放缓，空间增长逐渐停滞。由于受到京沪高速、淮徐高速和宁连高速的缓冲带的制约，东北、西南方向的空间引导作用并不显著。城市模型缺少洪泽县与涟水县的历史信息，环境建模中只包含淮安市区，没有对西南侧的洪泽县和东北侧的涟水县建模，因此，两个县城未来对淮安城市的空间带动作用不得而知，但可以肯定的是，伴随着两个县城空间的逐渐扩大，一定会引导淮安城市空间向东北与西南方向延伸。

（4）城市模型的图式和数据表明淮安城市空间增长表现为非线性增长过程。其增长过程受到政府城市规划、管理政策引导、行政区划改变等一系列因素的影响和作用。

8 历史城市多时段城市空间变迁研究案例：南京城市演化、管理及问题

8.1 南京城市发展历程

8.1.1 南京的城市区位

南京是我国历史文化名城,江苏省省会,位于江苏省西南部,介于东经 118°22′～119°14′、北纬 31°14′～32°37′之间。南京北面是广阔的江淮大平原,东南紧接着富庶的长江三角洲,地跨长江两岸,东距长江入海口约 300 km。其东与江苏省扬州市、镇江市、常州市相邻,北、西、南三面与安徽省滁州市、马鞍山市、芜湖市、宣城市接壤(图 8-1)。蜿蜒起伏的山峦环抱着城郊,长江流贯于市境,自然条件优越,山川形势雄伟,曾有"钟山龙蟠,石城虎踞"之称。

南京属北亚热带湿润性气候,四季分明,冬夏长而春秋短。冬季干旱寒冷,夏季炎热多雨。年平均温度为 15.7℃,雨量充足,全年平均雨量为 918.3 cm。

8.1.2 南京的城市自然风貌特征

南京位于江苏省西南部低山、丘陵地区,长江自西南至东北流经市境中部。境内地形以低山、丘陵为骨架,组成以低山、丘陵、岗地和平原、洲地交错分布的地貌综合体(图 8-2)。低山、丘陵和岗地占全市土地总面积的 64.5%,植被良好。低山、丘陵之间为河谷平原,土地肥沃。

8.1.3 南京城市的发展历史

1)古代南京城市发展史

南京地区的建城活动最早出现于春秋末期(今高淳县

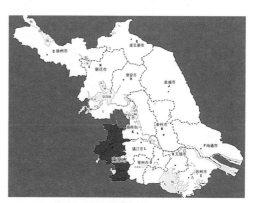

图 8-1 南京城市区位图

图 8-2 南京地形图[①]

---

① 苏则民. 南京城市规划史稿[M]. 北京:中国建筑工业出版社,2008

境内)的固城①②。对南京城来说,公元前 472 年春秋末期,越灭吴后所筑的城池——越城开启了南京迄今近 2 500 年的建城史。越城遗址位于今中华门长干里一带。根据史料推算,越城周长相当于 942 m,城中面积约为 5~6 hm²,是一个军事性城堡。居民居住于城外秦淮河两岸,因此南京南部秦淮河两岸是最初的居民聚居与商品交易场所。公元前 333 年,楚威王建金陵邑于石头城。南京开始被称为金陵。金陵邑位于今清凉山。

吴黄龙元年(公元 229 年),孙权建都于南京,南京第一次成为国都。三国时期的吴在南京建都历时 52 年。南京当时被称为建业,而对于建业城的具体位置比较普遍的看法是在今南京中部,北依鸡笼(今北极阁)、覆舟(今九华)二山,南抵今淮海路,东临青溪(今太平门),西至鼓楼岗的范围以内,如图 8-3 所示。

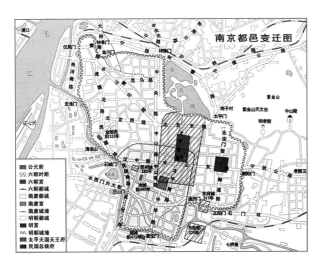

图 8-3 南京都邑变迁图③   图 8-4 南唐都城④

东晋自建武元年(公元 317 年)至元熙二年(公元 420 年)建都建康,历时 103 年。南朝宋、齐、梁、陈四朝均以建康为首都,历时 171 年。东晋及南朝健康城的位置、范围与东吴变化不大。

南京在经历了隋、唐时期政治和经济上的衰落后,南唐升元三年(公元 939 年),徐知诰立国号唐,史称南唐,以金陵为都,改称江宁府,历时 39 年。南唐宫城的位置经过考证已明确,如图 8-4 所示。南唐江宁城是南京城市发展史上的重要转折点。六朝时建康都城偏北,只将宫廷、衙署圈在城内,居民及工商业者则位于城外。而南唐江宁城则将秦淮河及周围的居民区、工商业区均包围在城内,都城的位置也比六朝建康都城的位置南移。因此,从南唐开始至今,城市南侧范围(即"城南地区")始终是南京人口密集、工商业最繁华的地区。

宋建炎元年(公元 1127 年)赵构即位后,先后将扬州、平江府、杭州、建康府、绍兴府等地设置为"行都"。行都建康以南唐宫城作为皇城,修行宫于皇城内。元至元十二年(公元 1275 年),元军攻占建康府,改建康府为建康路。元天历二年(公元 1329 年)改建康路为集庆路。与宋代一样,元承接了南唐格局。

元至正十六年(公元 1356 年),朱元璋攻克集庆,改集庆路为应天府。洪武十一年(公元 1378年),改南京为京师。定都南京后,按帝都规划建设南京。明南京有四重城郭,分别为宫城、皇城、

---

① 季士家,韩品峥.金陵胜迹大全:文物古迹篇[M].南京:南京出版社,1993

②④ 苏则民.南京城市规划史稿[M].北京:中国建筑工业出版社,2008

③ 资料来源:南京市规划局,南京城市规划

都城和外郭。宫城位于南唐旧城东侧，避开旧城，另选新址。皇城按传统兴建，都城则体现了管子的"因天材，就地利，故城郭不必中规矩，道路不必中准绳"的思想，平面将新城、旧城和附近山体的制高点都包括进来。城墙利用了南唐旧城，依山就势而筑，护城河也利用过去已有的河道。明城墙周长 35 267 m，都城范围面积 43 km²，如图 8-5 所示。

清平定江南后，以南京为江南省首府。康熙年间设置的两江总督署（辖江南省和江西省）使南京成为清政府统治东南地区的中心。清咸丰三年（公元 1853 年），太平军攻克南京，洪秀全定都南京，改江宁府为天京。后由于战争及统治集团内讧导致南京造成极大创伤。清同治三年（公元 1864 年），清军攻占天京，复改天京为江宁府，如图 8-6 所示。

1912 年，中华民国定都江宁，改江宁府为南京府。1927 年，北伐军攻克南京，国民政府成立，复定南京为首都。1929 年南京更名为首都特别市，1930 年更名为首都市。1927 年，南京的建设开始完全摆脱古代都城建设的传统模式，走上城市现代化的道路。

图 8-5 明都城①

图 8-6 清末南京城②

2）近现代南京城市的规划与发展

• 1920 年《南京北城区发展计划》 1920 年，为适应下关地区的发展趋势，下关商埠局制定了《南京北城区发展计划》，这是南京第一部近代意义上的城市规划。该计划的主要目标是加强下关与城区的联系，加快包括下关区在内的北城区建设（图 8-7）。

• 1926 年《南京市政计划》 1926 年《南京市政计划》期望通过旧城改造，以改善城区内外的联系和环境，是一次考虑了城市整体关系的规划工作③。《南京市政计划》承接了《南京北城区发展计划》的有关内容。

• 1928 年《首都大计划》 1928 年《首都大计划》是国民政府时期南京编制并有所实施的第一

①② 苏则民. 南京城市规划史稿［M］. 北京：中国建筑工业出版社，2008
③ 苏则民. 南京城市规划史稿［M］. 北京：中国建筑工业出版社，2008：280

部都市计划,对南京近现代的城市格局起着重要的作用。规划的指导思想是"农村化""艺术化"和"科学化"。

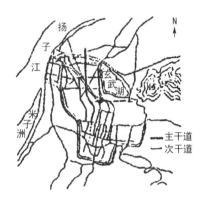

图8-7 南京北城区发展计划[1]

农村化,指田园化,所谓田园化就是都市农村化,强调清新的自然环境。

艺术化,指民族化,强调保持东方文化的历史,不能一味欧化。

科学化,指学习欧美国家在城市规划中的经验,考虑社会发展的新趋势和新需求。

《首都大计划》后被《首都计划》取代。

• 1929年《首都计划》 《首都计划》的思想和内容承接了上述3个时期的规划思想和内容。规划内容包括28项,主要包括人口预测、都市界定、功能分区、建筑形式、道路系统、公园及林荫大道、对外交通、市政设施、公用事业、住宅、学校、工业、规划管理及实施程序、资金筹措等等。人口规模约为200万人,城内居住约72.4万,其余居住在城外。城市界线南起牛首山,西跨长江至顶山,北至八卦洲以北的常家营,东达青龙山。城市边界周长117.2 km,面积855 km²,其中包括浦口200 km²,如图8-8所示。

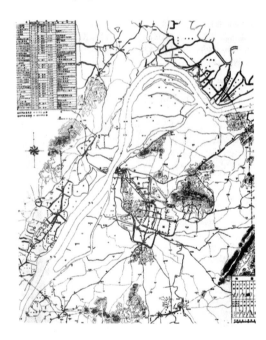

图8-8 《首都计划》中的国都界线图[2]

城市功能分区:紫金山南麓为中央政治区及上等住宅区,政治区东南为营房及军用飞机场,还有郊外住宅区等;江东门南部沙洲一带有飞机总站,其北有工业区及工人住宅区,浦口江岸附近有工业区及住宅区,幕府、紫金山之间有住宅区。

道路系统分为干道、次要道路、环城大道、林荫大道和内街5项。其中,中山路(今中山北路、中山路、中山东路)、子午路(今中央路)等为干道,如图8-9所示。

《首都计划》在南京城市发展史中占有重要地位,虽然没有全部实现,但实施完成的城市道路、公园及林荫大道系统使南京的开放空间达到了前所未有的规模。

• 1937年《首都计划调整计划》 1937年《首都计划调整计划》对《首都计划》做出了部分调整,包括中央政治区定于明故宫地区,增加军事区和机动用地。子午路直通城北,中山北路两侧路网调整为规则的方格网。

• 1947年《南京市都市计划大纲》 1947年,南京市都市计划委员会制定《南京市都市计划大纲》,内容包括范围、国防、政治、交通、文化、经济、人口、土地等8项。该大纲是一份纲要,

---

① 资料来源:孟建民.城市中间结构形态理论研究与应用[D].南京:东南大学,1990;苏则明.南京城市规划史稿[M].北京:中国建筑工业出版社,2008

② 资料来源:国都设计技术专员办事处,首都计划,1929

并不是完整的城市规划，但仍然是南京在民国时期的
一份重要的规划文件。

• 1957年《南京市城市初步规划草案图（初稿）》
1949年新中国成立后10年间，南京的城市建设主要是
对民国时期的道路进行扩建和改建。对广州路、中山
路、滨江马路、中央路、中山南路、北京路、鼓楼广场等
主要干道进行了拓宽，并对住宅区的道路进行了新建
和扩建，构成了比较完整的道路网。整治和疏浚了秦
淮河和金川河，对市区的内江河堤岸进行加高和加固，
如图8-10所示。

图8-9　南京林荫大道系统图①

1954年，南京编制的《城市分区计划初步规划》，参
照苏联模式和定额指标，也可以说是新中国成立后南
京制定的最早的一部城市发展规划。在该规划中，市中心确定在鼓楼。文教区安排在清凉山以北
沿城墙一带及太平门外、中山门外、光华门外等地。工业区考虑设置两个区，城北和上路以西地区
安排对水体有污染的项目。同时对长江大桥桥位选址。

1957年，对《城市分区计划初步规划》修改
后完成《南京市城市初步规划草案图（初稿）》。
规划的面积为160 km²，没有浦口、江宁地区，大
致范围北至上元门、迈皋桥，东至孝陵卫以东，
西南至小行里，西至江边，其中迈皋桥一带可向
燕子矶方向机动发展。草案图明确了新街口、
鼓楼为商业文化活动中心，珠江路以北为文化
活动中心，夫子庙为传统的商业娱乐中心。另
外，南京市人民委员会所在地鸡鸣寺仍为市行
政中心。

图8-10　1957年《南京市城市初步规划》总平面图②

• 1981年《南京市城市总体规划》　1981
年，在"严格控制大城市规模"的方针指导下，
为了达到"城市要控制，事业要发展"的目的，
《南京市城市总体规划》提出以利用现有城镇
基础为前提，有所控制，有所发展，互相配合，
互相依存，分工协作，使大、中、小城镇和郊外
广阔的"绿色海洋"有机地结合，以圈层式城
镇群体的布局构架进行规划建设的思想，如图8-11所示。

圈层式城镇群体的结构是以市区为主体，围绕市区由内向外，把市域分为各具功能又相互
有机联系的5个圈层。即：①中心圈层。②第二圈层为蔬菜、副食品基地和风景游览区，此圈层
是市区和主要卫星城的绿色隔断地带。③第三圈层为沿江3个卫星城、3个县城和两浦地区。
这些城镇和地区为南京外围相对独立的生产基地，用以接纳市区疏散外迁的单位和人口以及外
地迁入的工矿企业和科研教育单位。④第四圈层是市域内大片农田、山林。⑤第五圈层是远郊

①　资料来源：国都设计技术专员办事处《首都计划》，1929
②　资料来源：南京城市规划编研中心

图 8-11　1981 年南京城市总体规划图①

图 8-12　1991 年都市圈总体规划②

小城镇。这种布局被概括为"市—郊—城—乡—镇"的组合形式。

• 1991 年《南京市城市总体规划》　1991 年《南京市城市总体规划》明确规定了南京的城市性质、发展规模,强调要切实加强对生态环境和历史文化名城的保护,要求把南京建设成为经济发达、环境优美、融古都风貌与现代文明于一体的江滨城市,为南京的建设明确了发展方向,如图 8-12 所示。

规划提出都市圈的概念。都市圈包括完整的长江南京段,北岸 88 km,南岸 98 km,主城和沿江重要的外围城镇;以"山、水、城、林"为主体构成的历史文化名城保护区和风景旅游区;为改善城市生态环境而需要宏观控制的绿色空间;沿江和跨江的陆上交通干线、航空港、大型交通枢纽及主要基础设施用地。都市圈城镇布局结构是:以长江为主轴,东进南延,南北响应;以主城为核心,结构多元,间隔分布;最终形成现代化大都市的空间格局。

• 2001 年《1991 年南京市城市总体规划》修编　2001 年对《南京市城市总体规划》进行了修编,提出了南京都市发展区的概念,如图 8-13 所示。提出将以提高人居环境质量,塑造城市特色作为城市发展的重点。

规划提出以"沿长江两岸束状交通走廊为市域城镇的主发展轴,市域南北向的交通干线为市域城镇的次发展轴"。市域城镇形成主城—新市区—新城—重点城镇——一般城镇 5 级大中小级配合的城镇等级结构。

• 2007 年《南京市城市总体规划》　2007 年《南京市城市总体规划》提出"以长江为主轴,以主城为核心,结构多元,间隔分布,多中心、开敞式"的都市发展区布局结构。除主城外,在 3 个新市区加快培育次区域中心,形成多中心格局,共同承担南京区域中心职能,如图 8-14 所示。

• 2011 年《2007 年南京城市总体规划》修编　2011 年南京城市总体规划修编提出了南京都市区的概念。所谓南京都市区是指包括城区、近郊区和六合区大部分,以及溧水柘塘地区,总面积约 4 738 km²,是南京高度城市化地区、高层次产业承载区。都市区总体空间结构在继承《2007 年南京市城市总体规划》都市发展区布局结构的基础上,优化调整为"以主城为核心,以放射形交

---

① 　资料来源:南京城市规划编研中心
② 　资料来源:1991 年南京市城市总体规划

通走廊为发展轴,以生态空间为绿楔,多心开敞、轴向组团、拥江发展的现代都市区格局"。

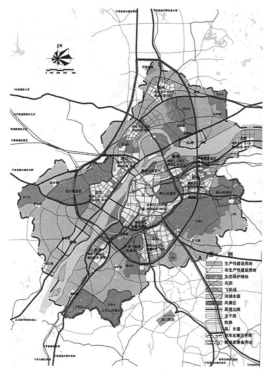

图 8-13 2001 年都市发展区远景规划① 　　　图 8-14 2007 年都市区远景规划②

都市区内形成"一带五轴"的城镇空间布局结构。"一带"为江北沿江组团式城镇发展带,主要由桥林新城、江北副城和龙袍新城构成。"五轴"是江南以主城为核心形成的 5 个放射形组团式城镇发展轴。

8.1.4　南京城市空间的结构特征

南京城市空间的结构起源于东吴时期所构建的河网水系。孙权利用已有的河湖,大力凿渠破岗。这些新开的河渠走向大体偏西南,与都城轴线及主要道路的方向吻合,形成城市肌理,为城市后来的发展奠定了基础,今天仍是南京城市空间结构的一部分。明都城的结构布局确定了南京城市空间的基本骨架和形态,尤其是明城墙的修建对南京的城市形态产生了重要影响。城市空间的主要特征表现为依山就势,利用现有的山体、水域与河流形成不规则的城市空间形态。图 8-15、8-16③为 1912 年和 1946 年南京城市主要道路变化对比。

8.1.5　1910 年后南京城市用地的形态变迁

根据历史地图资料(如图 8-18),南京在 1912 年前后的城市用地主要分布于城南秦淮河两岸,由于两岸用地几乎已被占满,因此,城市用地开始逐渐向北延伸。由于下关在第二次鸦片战争后,开放为中外通商的商埠,因此,城里有主干道直接连接下关码头区和城南商业区。1928 年

---

①②　资料来源:南京城市规划编研中心
③　图 8-15、8-16 为作者根据 1912 年和 1946 年南京地图校正后自行绘制。图中灰色点划线为穿越城市中心区的铁路线——宁省铁路,粗边界线为明城墙范围

图 8-15　1912 年南京主要道路路网

图 8-16　1946 年南京主要道路路网

图 8-17　1959 年南京街道图

前后城市用地逐渐向东侧扩展,虽然城市用地面积增加幅度不大,但道路系统已较 1912 年前后完善了很多(图 8-19)。1946 年前后城市用地现状图(图 8-21)显示,由于东侧为需要保护的明都城遗址,城市用地不可占用以外,中部几乎被城市用地占满。城市用地已开始逐渐向西北方向延伸,主要集中于下关码头区和城南商业区主干道两侧。

1912 至 1946 年历史地图显示当时的玄武湖的面积比新中国成立后要大,并且明城墙还没有被拆除,范围较为完整。1946 至 1978 年间缺少有关南京城市的历史资料和历史地图,从 1959 年南京市的街道图(图 8-17)来看,城市的道路系统,尤其扩展了西北片区的路网结构。其城市空间布局已经接近于现代的南京城。

20 世纪 40 年代末至 50 年代初,南京城市的发展仍是以明城墙作为城市发展边界。1955—1962 年期间,由于城市发展的需要,南京陆续拆除了多个城门和部分城墙,例如光华门、通济门及东段城墙、三山门、石城门、定淮门、钟阜门、金川门等等。

70 年代后,北侧城市的用地发展边界逐渐向西南和西北方向拓展,南侧城市用地边界则向东拓展,逐渐将紫金山包围。城市用地的扩展与 1981 年《南京市城市总体规划》所提出的城市用地建设思想有关。规划提出市区控制在 122 km² 左右,规划市区用地范围东北到笆斗山,东近马群,西南至安德门,西至茶亭,北达长江。规划认为从自然地理条件、资源条件、生态平衡和土地潜力来看，南京市区的用地已经步入山穷水尽的境地，因而，市区用地尽可能控制在 122 km² 左右的用地范围为宜。

在 2001 年城市规划调整实施后的 10 年间，规划中的西片区（河西片区）和北片区获得了较大的发展，而南片区则开始向江宁区方向发展，幕府山、钟山已进入主城范围。

简言之，南京的城市形态由最初的城南区域的块状结构逐渐发展为不规则形，而不规则形的城市边界为明城墙边界；至 2000 年，再由不规则形逐渐拓展为近乎椭圆形。2013 年，南京的城市形态开始向南侧和东北侧发展，又逐渐向不规则形演变。

1910 至 2013 年的城市用地形态变迁图如图 8-18～8-29 所示[①]。

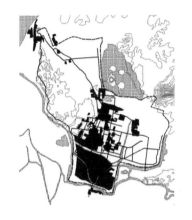

图 8-18　1910 年城市用地现状图

图 8-19　1928 年城市用地现状图

图 8-20　1932 年城市用地现状图

图 8-21　1946 年城市用地现状图

图 8-22　1978 年城市用地现状图

图 8-23　1986 年城市用地现状图

① 图 8-18 至 8-29 为作者自行绘制。其中，图 8-18 到 8-21 资料来源于历史地图，图 8-22 至 8-26、图 8-28 资料来源于南京市规划局相应年份市域城市用地现状图，图 8-27 资料来源于 2005 年南京地图，图 8-29 资料来源于谷歌 2013 年南京遥感卫星图。由于历史地图及道路变形的原因，部分道路用地存在一定误差

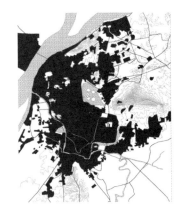

图 8-24　1990 年城市用地现状图　　　　图 8-25　2000 年城市用地现状图

图 8-26　2000 年市域城市用地现状图　　　图 8-27　2005 年市域城市用地现状图

图 8-28　2007 年市域城市用地现状图　　　图 8-29　2013 年市域城市用地现状图

8.2　南京城市建模

8.2.1　研究时段与空间范围

从南京城市的发展历史阶段看，南京的城市经历了多个发展时期。研究时段可分为6个时段：

时段1：古代南京城市的发展，从具有一定城市规模的六朝时期至清末。这段时期延续时间长，由于朝代的更迭和战争的影响，城市变化显著。遗留的考古资料和历史地图对城市确切位置记录不明确。

时段2：民国时期的南京城市发展，时间从20世纪10年代至40年代。这段时期作为国民政府的首都，南京城市经历了一个稳定发展的黄金时期。其城市发展的结构布局影响至今，是南京城市发展史的重要时期。有关这段时期南京城市的历史资料和历史地图较为丰富。

时段3：新中国成立后至改革开放前的南京城发展，时间从20世纪40年代末期至70年代中期。这段时期受国家政治运动影响，没有制定专业规划，主要是在民国时期的南京城市的基础上进行了住宅、道路的增加、拓宽和基础配套设施的建设。有关这段时期南京城市的历史地图几乎没有。

时段4：1978年到2000年。这段时期南京城市经历了现代城市的快速发展时期。南京市规划局成立，大约每隔10年的城市总体规划及规划调整为城市的快速发展提供了新的发展思路和方向。这段时期南京城市的历史资料和规划资料均较为丰富。

时段5：2000年至今。这段时期南京城市迅速发展，并以圈层式结构扩展和蔓延。

时段6：未来的城市发展形态预测。以2011年最近一轮城市规划的发展思想（城市发展方向及历史文化、环境保护规划）以及各历史阶段南京城市发展的主要特征为依据，预测城市未来的发展形态。

由于时段1和时段3缺乏历史资料和城市土地利用的空间信息，因此，城市建模主要分为4个时段研究，分别为时段2、时段4、时段5、时段6。其中，时段2、时段4的空间研究范围为主城范围，而时段5、时段6的空间研究范围为都市区范围。时段3缺乏历史资料，通过时段2的系数推演模型，重建此段时期的城市发展过程。

8.2.2　城市增长模式

SLEUTH模型对城市增长的模拟是通过4个增长模式或5个增长系数来定义的。5个增长系数的取值范围均为0～100，不同城市有各自不同的增长背景和增长特征，因此，如何确定这5个增长系数是城市建模最为关键的步骤。模型进行城市增长研究是通过对历史地理信息数据的程序校准来确定一组城市增长特征数据，一组即包含5个增长系数。在南京案例中，由于城市在不同的发展阶段具有不同的发展特征，因此，研究尝试南京在不同的城市发展时段的城市增长特征，形成多时段城市发展图谱。城市增长的多时段研究一方面可以帮助人们理解在不同历史环境背景下城市增长的主要特征，另一方面有助于规划专业人员及政府对城市未来的发展做出科学决策。

8.2.3　数据准备

图形数据来源参见表8-1。所有图层文件为8位GIF灰度图像，背景图层为ArcGIS中的高程图生成的Hillshade图像，坡度图层由高程图生成（百分比方式），排除图层根据需要设立，若无特殊需要,水系是排除层的唯一要素。为了达到研究时段的连续性,南京主城的高程数据采用1937年时的测绘等高线。

表 8-1　南京 CA 模型数据准备

时段	时间	资料来源				
		城市用地图层	道路图层	背景图层	坡度图层	排除图层
时段 2	1910—1946	1910 年南京历史地图 1928 年南京历史地图 1932 年南京历史地图 1946 年南京历史地图		南京地形图 水系图	南京地形图	南京水系图,《首都计划》
时段 3	1946—1978	1946 年南京道路网络 1959 年南京道路网络 1967 年南京道路网络		南京地形图 水系图	南京地形图	南京水系图,1957 年南京城市规划
时段 4	1978—2000	1978 年南京城市用地现状图 1982 年南京城市用地现状图 1990 年南京城市用地现状图 2000 年南京城市用地现状图		南京地形图 水系图	南京地形图	南京水系图,1978 年、1991 年南京城市总体规划
时段 5	2000—2013	2000 年南京城市用地现状图(市域) 2004 年南京遥感影像地图、2005 年南京地图 2007 年南京城市用地现状图(市域) 2013 年南京遥感影像地图(市域)		南京地形图 水系图	南京地形图	南京水系图,2007 年南京城市总体规划、2011 修编,2006 年南京土地利用规划

模型根据不同的城市发展时段和不同的空间研究范围建立了 3 套不同的空间数据集,每套空间数据集根据建模的精细程度设立粗、较细、精细 3 个分辨率级别分别进行模型的校准和测试。表 8-2 为空间数据集及其分辨率的设定。

表 8-2　空间数据集及建模的分辨率

空间数据集	时段	时间	空间研究范围	城市用地模型分辨率 (单位:m)	图形图像尺寸 (单位:像素)
1	2	1910—1946	主城	粗:90×90	150×220
				较细:54×54	250×367
				精细:27×27	500×733
2	4	1978—2000	主城	粗:90×90	150×220
				较细:54×54	250×367
				精细:27×27	500×733
3	5	2000—2013	都市区	粗:343×343	200×250
				较细:137×137	500×626
				精细:68×68	1 000×1 252

8.2.4　多时段的城市空间生长行为模拟

1)城市空间扩展理论与城市模型的空间增长模式

中国由于城市化水平未达到饱和状态,农村剩余劳动力进入城市导致城市不断向郊区扩展。在快速城市化背景下,中国的城市面临的主要问题是大量非城市化用地转变为城市用地,城市表现出蔓延式扩展。城市用地规模弹性系数(城市用地增长率/城市人口增长率)从 1986 年的 2.13 增加到 1991 年 2.28,已大大高于 1.12 的合理水平[①]。由于土地资源的稀缺性和城市增长的不可逆性,研究城市空间增长意义重大。

国内外学者对于城市的增长模式已有大量的探讨。雷利(P. A. Learey)指出城市用地增长的 3 种类型,分别是紧凑、边缘或多节点、廊道[②]。紧凑指城市用地扩展发生在城市内部空隙地带。边缘或多节点指在城市边缘的若干个用地基础上进行用地开发,类似于卫星城模式。廊道指用地扩展沿主要交通干道进行。凯米尼(R. Camagni)指出城市空间扩展类型有 5 类:填充、外延、沿交通线开发、蔓延和卫星城式[③]。顾朝林认为中国大都市增长的空间过程主要在于城市蔓延、郊区城市化和卫星城建设。空间扩展主要有轴向扩展和空间扩展两种形式。大都市的空间增长表现为圈层式、飞地式、轴间填充式和带形扩展式,其发展具有同心圆圈层式扩展形态走向分散组团形态,轴向发展形态乃至最后形成带状增长形态的发展规律[④]。宗跃光认为城市景观包含两种廊道效应:人工廊道效应和自然廊道效应。人工廊道效应是在市中心与交通干线形成的多边形实际梯度场趋同的动态过程中形成的。自然廊道(河流、植被带、农田等)有利于吸收、排放、降低和缓解城市污染,用于限制城市蔓延和发展,自然廊道可以减少中心市区人口密度和交通流量,提高土地利用集约化、高效化。城市景观由初级同心圆结构经过带状、十字状、星状、多边形等演化阶段达到高级同心圆结构,完成城市第一次景观结构循环,然后开始第二次、第三次循环……从而形成同心圆状扇形扩展的蛛网式景观结构[⑤]。刘纪远等尝试对城市用地扩展进行量化分析,通过凸壳原理识别城市用地空间扩展类型[⑥]。凸壳方法可用于识别延伸类型和填充类型两种城市用地的扩展类型。

上述有关城市增长模式理论大部分集中在城市用地扩展的驱动力,城市形态与环境之间的问题等方面,主要采用定性描述的方式,缺乏量化分析,因此研究结果缺乏说服力。凸壳方式是一种量化分析方法,但缺陷是研究结果只能对城市已发展区域做出静态分析,无法对城市发展的未来做出动态的、科学的预测。

SLEUTH 模型的城市增长类型分为 4 种:扩散增长、蔓延增长、传播增长、道路引力增长。扩散增长与蔓延增长指城市用地的自发增长,其增长方式受到多种参数和系数的影响,增长表现为脱离某块已建成区域单独发展,类似于城市增长理论中的飞地增长或卫星城式增长。传播增长表现为在已有城市建成区边缘逐渐扩展,包含轴间填充式、带间扩展式以及圈层式。道路引力增长则依托城市道路系统,类似于城市增长理论中的沿交通线开发或廊道模式。4 种城市增长类型用 5 种增长系数来控制。增长系数值介于 0～100,通过数值判断不同城市每种城市增长类型的强度,同时,5 种不同增长系数之间也相互影响,例如,坡度系数的增加会直接影响到扩散增长和蔓延增长的强度。为了反映城市非线性的增长过程,模型还设置了自修改规则。自修改规则首先确定城市的增长率。当城市的增长速度超过高限阈值时,自修改规则规定扩散系数、繁衍系数和传播系数与一个倍增系数相乘,即通过再提高上述 3 个系数值提高城市的增长速度。同样,当城市的增长速度低于低限阈值时,自修改规则规定

① 张振龙,顾朝林,李少星. 1979 年以来南京都市区空间增长模式分析[J]. 地理研究,2009,28(3):817-828

② Learey P A, Mesev V. Measurement of Density Gradients and Space Filling in Urban System[J]. Regional science, 2002, 81(1): 1-28

③ Camagni R, Gibelli M C, Rigamonti P. Urban Mobility and Urban Form: The Social and Environmental Costs of Different Patterns of Urban Expansion[J]. Ecological Economics, 2002, 40(2): 199-216

④ 顾朝林,陈振光. 中国大都市空间增长形态[J]. 城市规划,1994(6):45-50

⑤ 宗跃光. 大都市空间扩展的廊道效应与景观结构优化——以北京市区为例[J]. 地理研究,1998,17(2):119-124

⑥ 刘纪远,王新生,庄大方,等. 凸壳原理用于城市用地空间扩展类型识别[J]. 地理学报,2003,58(6):885-892

扩散系数、繁衍系数和传播系数与一个倍减系数(该值小于1)相乘,即降低城市的增长速度,显示城市的衰落过程。

模型通过穷举算法校准历史数据,生成城市增长系数。每个城市其自身的增长规律反映在不同城市增长系数组合之上。下节以南京为例显示南京在不同的城市发展时期,城市增长系数的变化对城市空间增长产生的影响。

2)1910—1946年城市增长特征

城市模型对空间数据集1的运行结果表明,1910—1946年南京城市增长主要以坡度和道路引力增长为主要特征,自发式的扩散增长和繁衍增长几乎没有,部分区域显示新的城市用地是沿着已建城市用地边缘扩展,如表8-3所示。以坡度和道路引力增长为主要特征的增长模式在国内外模拟案例中是较为少见的,同时也显示出南京在这个时期城市增长的历史背景。

坡度增长系数较大的原因是因为南京主城范围内有多个山体,虽然海拔高度不高,但延伸和覆盖面积较大。1910—1946年间对山体的开发利用主要集中在鼓楼西侧的山冈和南侧的雨花台。鼓楼西侧的山冈主要分布有五台山、清凉山以及从清凉山往北,沿着秦淮河的入江孔道连绵分布的马鞍山狮子山等岗阜相连的山岭。在这段时期,由于城市用地的扩展速度较慢,对山体的侵蚀速度也较慢,因此基本山体的形状到1946年还基本保持,如图8-30所示。由于1910—1946年南京处于城市蔓延发展的初期,城市用地开始逐渐包围山体,在坡度适宜的范围内开发利用。因此,在这个时期,坡度系数会较高。

表 8-3　空间数据集1(1910-1946)多分辨率的城市增长系数校准表

空间数据集1:1910—1946　　150×220精校准后的图形匹配指数及增长系数

图形匹配指数					增长系数				
比较	总数	边缘指数	簇指数	形状指数	扩散系数	繁衍系数	传播系数	坡度系数	道路引力系数
0.782	0.769	0.796	0.730	0.540	1	1	31	67	53
0.771	0.763	0.887	0.714	0.540	1	1	32	67	71
0.760	0.765	0.875	0.774	0.539	1	1	36	77	47
0.783	0.767	0.840	0.786	0.538	1	2	35	70	77

图形匹配指数					增长系数				
比较	总数	边缘指数	簇指数	形状指数	扩散系数	繁衍系数	传播系数	坡度系数	道路引力系数
0.839	0.789	0.046	0.401	0.540	1	1	29	71	61
0.831	0.782	0.301	0.448	0.540	1	1	30	76	70
0.801	0.778	0.207	0.220	0.531	1	1	32	67	70
0.838	0.782	0.305	0.313	0.536	1	1	32	82	68

空间数据集1:1910—1946　　500×733精校准后的图形匹配指数及增长系数

图形匹配指数					增长系数				
比较	总数	边缘指数	簇指数	形状指数	扩散系数	繁衍系数	传播系数	坡度系数	道路引力系数
0.640	0.868	0.101	0.225	0.431	1	1	5	50	65
0.640	0.854	0.064	0.215	0.430	1	1	5	50	67
0.640	0.857	0.082	0.182	0.430	1	1	5	50	69
0.640	0.868	0.097	0.225	0.430	1	1	5	52	67

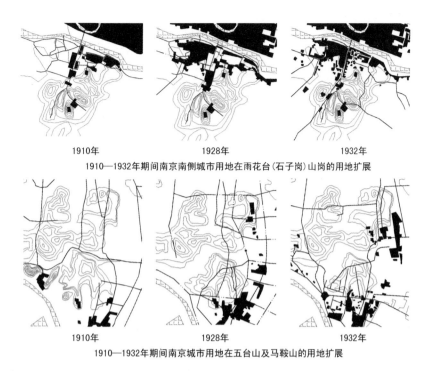

1910—1932年期间南京南侧城市用地在雨花台(石子岗)山岗的用地扩展

1910—1932年期间南京城市用地在五台山及马鞍山的用地扩展

图8-30　城市用地对山体的侵蚀与形态变迁

　　道路引力增长系数较大的原因是城市开辟了主要道路,尤其是下关码头与城南的通道已经开通,但城市用地则集中于城南和下关码头,城北与城东有大片未开发用地。因此,道路对非城市用地的吸引力增加,临近道路的非城市用地优先转化为城市用地。上述原因导致道路引力系数增大。

　　在淮安案例中,校准试验研究结果表明城市模型不仅对元胞空间尺度敏感,而且不同分辨率的图像、不同的数据校准方法会产生不同的城市增长系数。因此在南京案例中,分别对每个分辨率图像进行粗校准、精校准和最后校准。程序测试的3个不同分辨率图像分别是150像素×220像素,250像素×367像素,500像素×733像素,对应的元胞空间大小是90 m×90 m,54 m×54 m,27 m×27 m。

　　测试结果显示形态指数(Leesalle)最高值为0.540,说明图形的形态匹配并不理想,主要问题是在这段时期,城市用地与非城市用地之间的更替幅度较大。原因可以从这段时期城市建设的社会背景去分析和理解。1911年辛亥革命成功,推翻清封建王朝。1912年1月1日,孙中山就任临时大总统,国民政府定都南京,同年4月袁世凯篡夺革命政权,临时政府迁往北京。在北洋军阀统治时期,南京多次遭受劫难,北洋军和直系军阀先后于1913和1924年洗劫南京。1927年3月北伐军攻克上海和南京,4月国民党在南京成立国民政府。因此,1911至1928年这段时期,城市兴废导致城市用地缺乏连贯性,除了城南秦淮河两岸为城市中心区外,城中与城北片区所开发的用地变化显著,很多在1910年已开发的较大的城市用地在1928年地图中则已荒废。1928年开始的《首都大计划》和《首都计划》奠定了南京现代城市格局的基础。从1946年的历史地图分析,这段时期城中和城北片区新增了多条道路,已经形成了新街口为城市中心、中山东路、中正路、中山路为东西南北中轴线的道路系统。图形变化最为显著的地块是山西路和颐和路一带短期集中修建的高级洋房区(《首都计划》中称之为第一住宅区)。计算机在进行图形识别时对于短期内出现的大面积城市用地的辨识能力较差,因此形态匹配指数和比较指数都较低。

在1910—1946年的南京城市模拟中,结果显示随着建模分辨率的提高,图形匹配指标数逐渐下降。不同分辨率图像增长系数也会不同。54 m×54 m或90 m×90 m元胞空间都是南京城市建模(指空间数据集1)较适宜的尺度,两种元胞空间校准后的形态指数基本接近,但比较指数54 m×54 m的偏高一些。

3) 1946—1978年城市增长过程的推导演化

由于缺乏1946年至1978年的历史地图及相关资料,本节试图通过1910—1946年的校准数据推导演化1946—1978年的城市增长过程。

历史地图显示南京在此段时间城市增长的主要特征是:主城范围的城市用地基本占满,主要城市增长和蔓延方向为东北方向的重工业用地增长和南部向中华门外推进的机械制造工业用地增长。城市边界已大大突破了城墙的范围。主城范围内的西部五台山、清凉山、马鞍山山冈坡地已基本消失,北部的幕府山及周边山冈坡地也已开发利用,证明城市用地的发展并未局限于20%的山地坡度限制。

推导演化依据来源于以下3个方面:

① 1946年、1959年、1967年、1978年城市道路网结构。

② 1946—1978年间的城市人口及用地面积数据,通过实际城市用地面积调整增长系数。

③ 1957年制定的《南京城市规划》,通过设定排除图层引导城市增长的发展方向。

(1) 推导演化依据

① 1946年与1978年城市道路网结构比较:1946年主城道路网结构已经较为完善,1957年《南京城市规划》以及后期的城市发展对主城的道路网结构并没有很大的调整。

在对外交通上重要差异表现在3个地方,一是长江大桥的修建以及长江大桥与东南夫子庙中心区的快速路;二是开辟了玄武湖北岸的环湖林荫路;三是城南雨花路的修建,如图8-31所示。

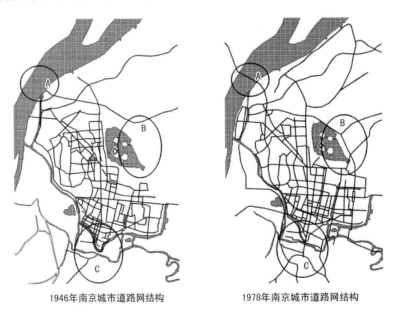

1946年南京城市道路网结构　　　　1978年南京城市道路网结构

图8-31　1946年与1978年主城道路网结构对比[①]

② 经济数据:通过历史资料查询在1946—1978年间南京的城市用地面积如表8-4所示。

从1910—1946年的增长系数看,城市增长主要是道路引力增长、坡度增长和传播增长3种基

---

① A、B、C 3个区域为影响模拟的主要差异区

本增长模式。根据模拟结果，城市增长率最高年份为 2.03%（1915—1916 年），最低为 1.51%（1942—1943 年），平均增长率为 1.76%~1.79%。按照表 8-4 中 1946—1978 年的城市用地面积增加幅度计算，传播增长速度高于 1910—1946 年的城市增长速度。

表 8-4　1946—1978 年间南京的城市用地面积[1]

年份	人口数量（万）	城市用地面积（单位：km²）
1949	256.70	42
1957	304.85	54
1962	323.54	72.97
1978	412.38	116.18

③ 城市规划的原则、方向与结果：1957 年《南京市城市初步规划草案图（初稿）》规划的面积为 160 km²，大致范围北至上元门、迈皋桥，东至孝陵卫以东，西南至小行里，西至江边，其中迈皋桥一带可向燕子矶方向机动发展。当时南京被定性为全国交通工业城市之一，具有文化中心特点和风景名胜古城特点。1957 年的规划重点是工业区的选择和工业用地。具体布置为燕子矶地区为化工类对城市污染较重的工业区；东井亭以西至和上路两侧为一般性工业区；上元门以西至宝善桥沿江一带为造船和食品加工工业区；中华门外五贵里一带为机械制造工业区。对外交通上，1957 年规划主要的意义是配合铁道部门对长江大桥桥位方案进行比较、研究，并推荐大桥在下关宝塔桥以东 300 m 左右跨江的方案。后来 1960 年开建的长江大桥，用的就是此方案。

此段时期的城市规划受到工业"大跃进"期间脱离实际的影响，城市工业用地的蔓延和扩展速度过快，城市出现无序扩展趋势。虽然在 1960 年提出严格控制人口和用地，并进行持续 3 年的退地工作，但城市的松散结构布局已经形成。

（2）推导演化结果　根据 1957 年《南京市城市初步规划草案图（初稿）》的用地发展范围，作者做出了此段时期的城市发展排除层（图 8-32）引导城市发展用地。

由于主城城市用地的扩展主要以道路为依托，因此设定道路引力系数为 100。在坡度系数的设定中，从 1978 年城市用地现状图中分析可知，城市用地突破了 20% 的坡度阈值，因此在推导模拟中设定坡度阈值为 22%（即超过山体坡度 22% 的用地不可用于城市用地），坡度系数设定为 100。传播系数的设定是在 1910—1946 年数据校准后的修改值，表明此段时期的城市传播增长模式比前期有较明显的增长，此值的大小设定会影响到模拟中的城市用地面积，因此该值的设定也参考了 1946—1978 年的城市用地面积数据（参见表 8-4）。扩散系数与蔓延系数的设定是通过随机自发增长推动

图 8-32　排除图层[1]

城市的快速蔓延和扩张。城市增长系数如表 8-5 所示，模拟数据表如表 8-6 所示。模拟城市用地增长率与实际城市用地增长率对比如图 8-33 所示，模拟演化结果如图 8-34 所示。

---

① 人口统计包括 1983 年后市辖 5 县范围。资料来源：南京市地方志编撰委员会《南京地方志》
② 黑色为城市用地可发展区域，白色为水系，灰色为不适宜发展区域

表 8-5　1946—1978 年间城市增长系数设定表

扩散系数	蔓延系数	传播系数	坡度系数	道路引力系数
35	35	45	100	100

表 8-6　1946—1978 年间推导模拟城市用地及增长数据表

年份(年)	城市用地面积（km²）	增长率（%）	扩散系数	蔓延系数	传播系数	坡度系数	道路引力系数
1947	39.05	4.19	35	45	55	100	100
1950	44.42	4.23	36	46	56	81	100
1953	51.03	4.58	37	47	58	62	100
1956	58.87	4.67	38	49	60	41	100
1959	67.98	4.63	39	50	62	18	100
1962	78.21	4.47	40	52	63	1	100
1965	88.77	4.08	41	53	66	1	100
1968	99.23	3.40	43	55	68	1	100
1971	109.43	3.06	44	57	69	1	100
1974	118.8	2.58	46	58	71	1	100
1977	127.09	2.09	47	61	74	1	100

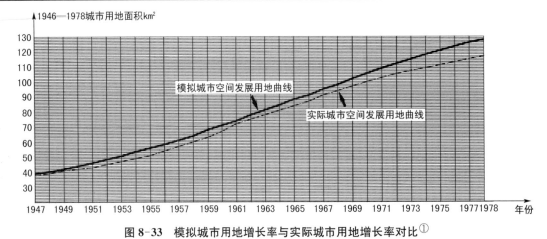

图 8-33　模拟城市用地增长率与实际城市用地增长率对比①

　　模拟结果显示坡度系数在 1947 年后开始下降至 1962 年为最低值 1，表明在坡度阈值 22% 的控制下，沿山体坡地的城市用地 1962 年后已占尽（没有坡地可转化为城市用地）。而道路系数始终保持 100 表明道路的引力作用在这段时期的城市增长中始终起着重要的作用。扩散系数、繁衍系数及传播系数 3 个值均逐年增高，表明自发增长的因素在城市增长中占有较大比重，这也是这段时期的主要发展特征——城市呈现无序、蔓延式扩展。城市发展增速 1956 年达到最大，为 4.67%，而从 1965 年开始增速下滑，至 1978 年为 1.93%。

　　1978 年现状图与模拟图的对比如图 8-35 所示。主要差异表现在 A 区域由于缺乏道路的引导，模拟的城市用地无法生成。B 区域由于在 1957 年城市规划中未提及，因此处于城市用地的排除空间中无法生成城市用地。

---

　　①　实际城市用地根据已知年份城市用地面积推算所得

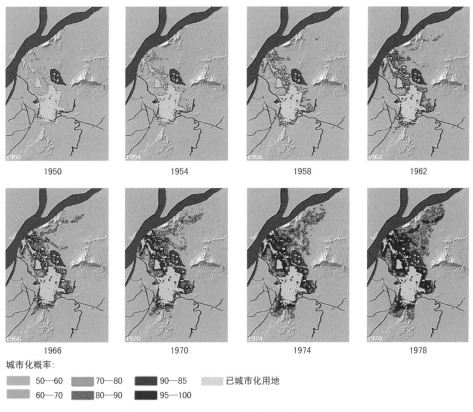

城市化概率:

50—60	70—80	90—85	已城市化用地
60—70	80—90	95—100	

图 8-34 1946—1978 年南京城市的模拟增长

(图像分辨率:250 像素×367 像素)

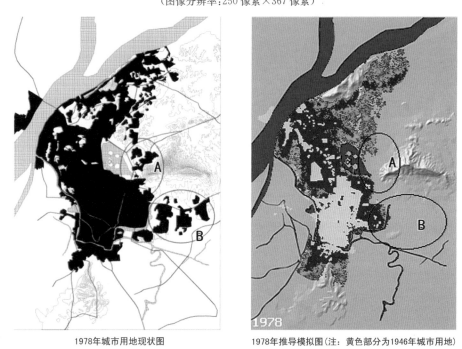

1978年城市用地现状图   1978年推导模拟图(注:黄色部分为1946年城市用地)

图 8-35 1978 年现状图与模拟图的对比[①]

① A 区域为南京林业大学和锁金村小区;B 区域为南京农业大学、工程兵工程学院、华东工学院等高教区

4) 1978—2000 年城市增长特征

对空间数据集 2 的运行结果表明 1978—2000 年,南京城市用地增长主要以传播增长和坡度增长为主要特征。自发式的扩散增长和繁衍增长均为 1,表明城市形态紧凑。道路引力增长值较低的原因是主城道路两侧的用地几乎已经全部转化为城市用地。城市增长与蔓延的总体特征表现为沿既有的城市边界向外扩展,城市用地增长率维持在 1.46% ~ 2.51% 之间。从形态匹配指标数结果看,形态指数达到 0.70 说明形态匹配较好,比较指数和总数指数均接近 1,说明数据校准图与实际用地图的图形像素基本吻合。同样,随着图像建模分辨率的提高,形态匹配指数下降,150 m×220 m(元胞空间为 90 m×90 m)是这个发展时期最为适中的元胞空间尺度。1978—2000 年多分辨率的城市增长系数校准表如表 8-7 所示。

表 8-7 空间数据集 2(1978—2000 年)多分辨率的城市增长系数校准表

空间数据集 2:1978—2000 年　　150 m×220 m 精校准后的图形匹配指数及增长系数

图形匹配指数					增长系数				
比较	总数	边缘指数	簇指数	形状指数	扩散系数	繁衍系数	传播系数	坡度系数	道路引力系数
0.996	0.987	0.646	0.938	0.691	1	1	100	21	55
0.995	0.986	0.714	0.417	0.690	1	1	100	31	65
0.995	0.987	0.851	0.544	0.689	1	1	100	20	50
0.998	0.987	0.720	0.799	0.690	1	1	100	11	60

空间数据集 2:1978—2000 年　　250 m×367 m 精校准后的图形匹配指数及增长系数

图形匹配指数					增长系数				
比较	总数	边缘指数	簇指数	形状指数	扩散系数	繁衍系数	增长系数	坡度系数	道路引力系数
0.941	0.975	0.798	0.599	0.671	1	1	100	4	30
0.943	0.977	0.895	0.996	0.669	1	1	100	7	32
0.945	0.976	0.902	0.695	0.669	1	1	100	1	30
0.948	0.977	0.863	0.855	0.669	1	1	100	10	38

空间数据集 2:1978—2000 年　　500 m×733 m 精校准后的图形匹配指数及增长系数

图形匹配指数					增长系数				
比较	总数	边缘指数	簇指数	形状指数	扩散系数	繁衍系数	增长系数	坡度系数	道路引力系数
0.843	0.973	0.886	0.744	0.642	1	1	100	1	67
0.841	0.973	0.880	0.744	0.641	1	1	100	1	73
0.844	0.974	0.907	0.314	0.642	1	1	100	1	69
0.843	0.974	0.904	0.655	0.642	1	1	100	1	70

历史资料显示,1979 年《南京市总体规划(1981—2000 年)》提出圈层式城镇群体结构的总体布局思想。1978—1990 年间,南京城市建设重点解决市民居住问题,住宅建设主要集中在老城内填平补齐。1990 年前住宅建设主要以政府投资为主,首先开发的是老城内剩下的开阔地带如明故宫周边的后宰门小区和瑞金新村,之后开始对老城实施旧城改造,采用增加建筑高度,将传统院落改建为兵营式住宅楼群,采用拆一建多的方式,这在很大程度上改变了传统的城市肌理[①]。90 年

---

① 周岚,童本勤,苏则民,等.快速现代化进程中的南京老城保护与更新[M].南京:东南大学出版社,2004:22

代后,随着社会主义市场经济体制的逐步建立,房地产业的发展,第三产业的发展以及大量外资的引进加快了老城的变化,老城内工业企业用地大部分转化为住宅用地和其他产业用地。由于大拆大建成为常态,1981 年规划确定的历史文化保护地点、文物点、古河道等由于缺乏政策保障措施,处于不同程度的消失和损毁中,多处自然景观被蚕食,城区内的小丘陵屡屡被推平供开发建房,多条河流被填平改建道路,多片历史街区被整片拆除①。因此,90 年代在南京实际的城市建设中,老城人口持续增加,城市功能进一步向老城集聚,城市建设的重心仍集中在老城,以外迁工业和住宅开发为导向城市新区开始向河西、苜蓿园、宁南等老城以外的地区发展。但河西新区在 2000 年前并没有起到接纳主城人口增长和承接城市新增功能的作用②。

简言之,虽然在 1988 年后,江宁开发区、江北新城区、仙林新城区等已经开始了外延式扩展,但 1978—2000 年之间南京城市的发展总体特征并不是表现在向外拓展和蔓延,而是旧城改造,完善和发展旧城的道路系统。

5) 2000—2013 年城市增长特征

由于 1980—1990 年间南京城市的发展表现出缺乏有效引导和控制,高层建筑布局散乱,对南京老城的传统风貌和空间轮廓造成破坏。1991 年《南京城市总体规划》突出南京历史文化名城和古都风貌的重要性,明确城市建设的重点应有计划地逐步向外围城镇转移。因此,2000 年开始的城市增长研究范围扩大为都市区范围。

在这段城市发展时期,河西新区的发展促使南京主城的范围脱离明城墙的框架,形成椭圆状,同时仙林和江宁作为新区也快速发展。城市的用地扩展在各个方向都出现了不同程度的蔓延,其中东南的增长幅度最大,南北向次之。城市向北为浦口新城区,东北为仙林新城区,东南为东山新城区,西南为河西新区。上述新区得到了较大的发展,导致城市南北向发展趋势加剧。在道路影响方面,张振龙通过研究 1988—2007 年主要道路对南京市空间增长的影响,证明随着主要交通距离的增加,城市空间增长面积占建成区面积的比例呈幂函数递减③。同时,这段时期,南京相继建成了奥体中心、南京南站、长江三桥、地铁一号、二号线等具有标志性的巨型工程,对于推动"一城三区"的发展发挥了重要的作用。

模型运行结果表明 2000—2013 年,南京城市用地增长以传播增长、坡度增长和道路引力增长为主要特征。城市增长与蔓延的总体特征表现为沿城市边界向外扩展,城市用地增长率大约维持在 3%~6%之间。从形态匹配指标数结果看,形态指数为 0.60,低于 1978—2000 年数据,比较指数和总数指数均接近 0.8~0.9。随着图像建模分辨率的提高,形态匹配指数逐渐上升后下降,说明 500 m×326 m(元胞空间为 137 m×137 m)是这个发展时期最为适中的元胞空间尺度。多分辨率的城市增长系数校准表如表 8-8 所示。

表 8-8 空间数据集 3(2000—2013 年)多分辨率的城市增长系数校准表

空间数据集 3:2000—2013 年　　200 m×250 m 精校准后的图形匹配指数及增长系数

图形匹配指数					增长系数				
比较	总数	边缘指数	簇指数	形状指数	扩散系数	繁衍系数	传播系数	坡度系数	道路引力系数
0.959	0.845	0.685	0.356	0.60	1	1	88	74	85

---

① 薛冰. 南京城市史[M]. 南京:东南大学出版社,2008:124
② 周岚,童本勤,苏则民,等. 快速现代化进程中的南京老城保护与更新[M]. 南京:东南大学出版社,2004:24
③ 张振龙,顾朝林,李少星. 1979 年以来南京都市区空间增长模式分析[J]. 地理研究,2009,28(3):817-828

空间数据集3：2000—2013年			200 m×250 m精校准后的图形匹配指数及增长系数						
0.972	0.842	0.674	0.344	0.59	1	1	90	71	85

空间数据集3：2000—2013年　　　500 m×626 ㎡精校准后的图形匹配指数及增长系数

图形匹配指数				增长系数				
比较	总数	边缘指数	簇指数	形状指数	扩散系数	繁衍系数	增长系数	坡度系数	道路引力系数
0.972	0.841	0.674	0.345	0.60	1	1	95	61	86
0.972	0.842	0.674	0.345	0.58	1	1	88	74	87
0.816	0.902	0.655	0.978	0.610	1	1	100	40	21
0.827	0.902	0.569	0.941	0.610	1	3	100	35	11
0.828	0.902	0.569	0.941	0.610	1	4	100	35	21
0.836	0.900	0.593	0.979	0.610	1	2	100	25	21

图形匹配指数				增长系数				
比较	总数	边缘指数	簇指数	形状指数	扩散系数	繁衍系数	增长系数	坡度系数	道路引力系数
0.728	0.919	0.864	0.993	0.580	1	1	100	27	61
0.735	0.918	0.900	0.963	0.580	1	1	100	22	70
0.739	0.918	0.920	0.992	0.580	1	1	100	26	60
0.733	0.918	0.864	0.779	0.570	1	1	100	32	50

8.3　城市空间发展特征与城市形态预测

8.3.1　南京城市空间发展的多时段变化图谱

1）城市增长系数的多时段变化图谱

根据前几节南京各个时期发展模式校准数据，可以看到南京城市在每个不同的发展时期有不同的城市增长模式。

（1）自发增长　扩散系数和繁衍系数始终处于较低的值，说明南京主城的发展始终是属于紧凑发展模式。对于扩散系数和繁衍系数所控制的自发城市增长模式，唯一有可能例外的一段时期是1946年至1978年。这段时期受政治因素影响，城市曾经出于无序蔓延的状态，因此扩散系数和繁衍系数会较高，模拟推演结果显示这个系数约在30～40之间。城市用地的蔓延主要发生在东北工业区。在1978年城市规划后，扩散系数和繁衍系数又重新回到低值，表明政府开始严格控制城市用地的扩张。

（2）填充式发展与圈层式发展　传播系数的变化曲线逐年向上发展，1978—1986年间逐渐接近100，表明城市的发展主要是边缘增长模式，对内表现为轴间填充式，对外表现为带间扩展式以及圈层式，而且发展速度在不断加速。

（3）坡度增长与山体的开发和利用　坡度系数的变化表明城市用地与地形之间的关系，总体表现为前期较高，中间一段时间较低，后期又开始逐渐增高的发展趋势。前期较高的原因是在主城范围内对丘陵山冈等山地的开发，其中 1910—1946 年对山体的开发利用集中在鼓楼岗西侧的五台山、清凉山、马鞍山等以及中华门外的石子岗等山地。40 年代至 60 年代，除了在上述山冈继续开发利用外，城市用地开始向北部的幕府山，城中的钟山、富贵山等地扩展和延伸。60 年代后期开始坡度系数急剧下降，原因是主城内的山体已几乎被开发用尽。2000 年后期坡度系数又逐渐增高的原因是城市的研究范围扩大（以南京都市发展区为研究范围），城市用地开始开发利用主城以外、都市发展区以内的山体。例如，浦口区对老山周边山地的开发利用（图 8-36），东山、板桥对牛首山、祖堂山等山地的开发利用等等。

图 8-36　浦口、大厂对老山山体的开发利用（2013 年）

另外一个与山体相关联的重要城市要素是南京明城墙。明城墙是依据自然地形地貌修筑而成，有些城墙段直接就是山体，有些城墙段依托河流。50 年代，城墙遭到大规模拆毁，城市用地的扩展突破了古城墙的限制，很多丘陵山冈也随之被推平。城市扩展和蔓延在 90 年代后期尤其显著，不仅山地被推平，多条河流也被填平用于改建道路。

（4）沿交通线增长模式的变化　道路引力系数变化表明城市城市用地沿交通线的扩展贯穿城市发展的整个过程，尤其在发展的中期阶段。南京作为中华民国首都，《首都计划》规划的结构性干道后来基本实现，主要包括中山大道（今中山北路、中山路、中山东路）、子午线大道（今中央路、中山南路）、中山大道东段西延（今汉中路），以及城南部分主干道的拓宽改造，包括中正路（今白下路、建邺路）、中华路、太平南路等。今天的南京与那个时期实现的城市结构性干道相比，约 80% 的城市干道和 50% 的城市次干道在民国时期已经形成。可以说《首都计划》的实施奠定了南京现在的城市干道网络格局。由于中山路等结构路网的建设，城市用地在两个发展重心（城南老城区、城北下关码头）之间呈现指状延伸和发展，直到 80 年代南京城市空间增长基本都是沿中山路向西北，向东延伸。同时，几条主干道的建设使城中地区，新街口、鼓楼和山西路成为新的城市中心。因此，在城市发展的中期阶段，道路的引力作用最强，系数也较高，这段时期城市的增长主要是填充式的增长。

90 年代后期，道路引力作用对城市用地的作用开始降低，原因是主城沿各类道路两侧的未开发用地已基本上转化为城市用地，南京开始着力打造新市区与主城的交通线。2001 年规划调整提出以两环和若干快速放射道路为骨架联系都市发展区内主城、新市区、新城。道路引力作用体现在主城与新城之间，或新城与新城之间城市用地的增长之上，其增长能力不仅受到道路结构的影响，而且受到自发城市增长因素的影响。由于此段时期，南京的自发城市增长系数较小，导致道路引力作用下降，城市用地的增长仍然是圈层式发展，并出现带状延伸发展的形态趋势。

总之，从南京近乎 100 年的发展过程中 5 类城市用地增长系数的变化可以发现，与其他城市的发展过程相比，南京城市增长的特色在于两种城市增长类型：坡度增长和道路引力增长。坡度增长类型与南京特有的地形地貌特征相关联，而道路引力增长则显示出城市规划对城市用地增长的引导和控制作用。几类城市用地系数变化图谱见图 8-37。

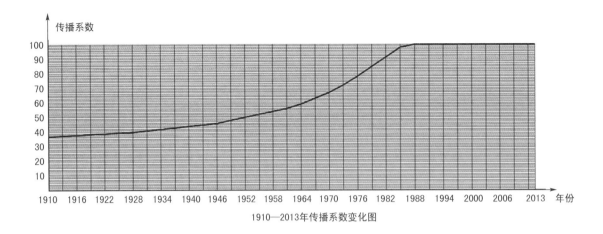

1910—2013年传播系数变化图

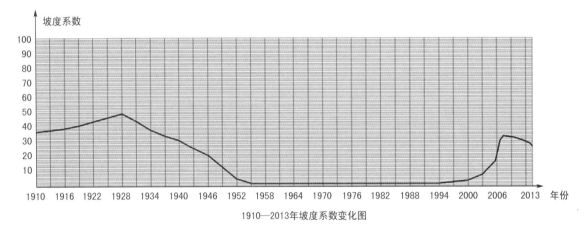

1910—2013年坡度系数变化图

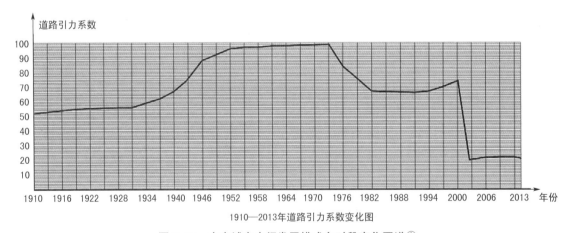

1910—2013年道路引力系数变化图

图 8-37　南京城市空间发展模式多时段变化图谱①

2）城市增长率的多时段变化图谱

1910—2013年南京城市用地增长率变迁图如图 8-38 所示。城市用地增长变化主要发生在 3 个时期。

第一个时期为 20 世纪 30 年代前后，数据校准后显示城市用地增长率最高达到 2.78%，原因

---

① 1910—1946 年数据采用 150 像素×220 像素，1946—1978 年数据采用推演数据，150 像素×220 像素，1978—2000 年数据采用 150 像素×220 像素，元胞空间 90 m×90 m。2000—2013 年数据采用 500 像素×626 像素，元胞空间 137 m×137 m

是《首都计划》的实施推动了城市用地的增长。30 年代初,在《首都计划》的实施下,除了道路系统有明显的变化外,鼓楼以南的建筑密度开始明显增加,鼓楼以北的城市密集建成区除了沿着中山路有明显的扩张外,在城东和城北地区也有增加①。除去城市用地外,此段时期还新建扩建了玄武湖、莫愁湖、白鹭洲等几个重要公园。

第二个时期为 50 年代前后,推演模型数据显示城市用地增长率最高达到 4.73%。历史资料显示此段时期机关、大专院校和工业用地是城市用地扩张的主要内容,南京迅速从消费型城市演变为一个生产型城市。1958 年"大跃进"开始后,很多工业项目纷纷上马,城市建设用地处于失控状态。南京建成区面积在短短 3 年内增加了 27 km²,几乎增加了 50%。这个时期贯彻先生产后生活的政策,住宅建筑面积大为下降②。

第三个时期为 2000 年后,数据校准后显示城市用地增长率最高达到 5.46%。此段时期城市用地扩展主要表现在河西、仙林、江宁等新区的迅速发展,主城的建设主要在于道路的拓宽,路网的优化,创建主城的绿地系统,强调对主城山形水态格局的保护和对自然景观风貌的保护。

总之,南京城市用地的增长率变化可以直接反映城市发展的历史背景和城市发展过程。图 8-38 所显示的数据虽然从 1946—1978 年为推演数据,但其发展趋势与历史资料的纪录数据基本相符。

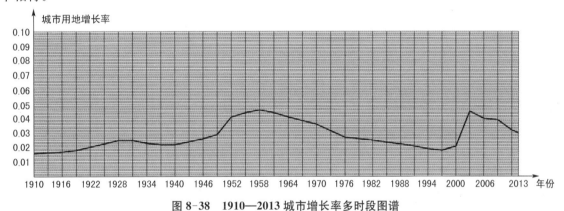

图 8-38　1910—2013 城市增长率多时段图谱

8.3.2　城市总体规划机制下 2014—2034 年南京都市区空间发展的情景预测

1)南京城市总体规划机制下未来城市形态及用地增长预测

(1)南京都市区概念　2011 年对《2007—2030 年南京城市总体规划》修编提出南京都市区的概念,所谓南京都市区是指包括城区、近郊区和六合区大部分,以及溧水柘塘地区,总面积约 4 738 km²,由主城,东山、仙林、江北(浦口+大厂)3 个副城,雄州、龙潭、桥林、板桥、滨江、汤山、禄口 7 个新城等组成,是南京高度城市化地区、高层次产业承载区。都市区总体空间结构在继承 2007 总体规划提出的"以长江为主轴,以主城为核心,结构多元,间隔分布,多中心、开敞式"都市发展区布局结构基础上,优化调整为"以主城为核心,以放射形交通走廊为发展轴,以生态空间为绿楔,多心开敞、轴向组团、拥江发展的现代都市区格局"。都市区内形成"一带五轴"的城镇空间布局结构。"一带"为江北沿江组团式城镇发展带,主要由桥林新城、江北副城和龙袍新城构成。"五轴"是江南以主城为核心形成的 5 个放射形组团式城镇发展轴。

规划提出"中华文化重要枢纽、南方都城杰出代表、具有国际影响的历史文化名城"的保护目

①　南京市城镇建设综合开发志编委会. 南京市城镇建设综合开发志[M]. 深圳:海天出版社,1994:112
②　周岚,童本勤,苏则民,等. 快速现代化进程中的南京老城保护与更新[M]. 南京:东南大学出版社,2004:21

标。在保护目标指导下,规划提出3个方面的战略,即继续推行"保老城,建新城"的城市发展战略;实施老城"双控双提升"战略,整体保护老城,控制老城人口规模和开发总量,改善人居环境,提升城市功能和品质;整体彰显名城历史文化氛围战略。

(2) 总体规划控制下的生态空间网络与排除图层 "山、水、城、林"融为一体是南京城市空间最为鲜明的特色。2007总规运用文化景观的思路,串联整合历史文化斑块、廊道和节点,构筑整体文化空间网络体系,塑造历史文化特色。规划整合串联市域、都市区、主城三级山水格局,在都市区内形成"一带两廊三环六楔十四射"的生态网络。

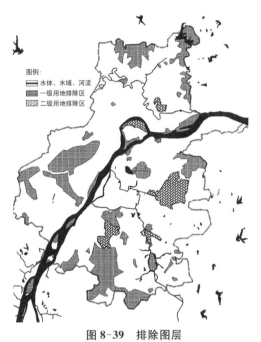

图例:
▨ 水体、水域、河流
▧ 一级用地排除区
▨ 二级用地排除区

图 8-39 排除图层

其中,绿地系统的规划结构是以城镇之间的山林、水体、基本农田、人工防护林为主构架,城镇内部的绿地系统为次构架,沿城镇之间的交通走廊和河道水系的绿化带作为连接体构建都市区生态防护网络,形成"一带两廊三环六楔十四射"的都市区绿地结构[①]。

一带指长江及其洲岛、湿地和两侧带状绿地构成;

两廊指由滁河、秦淮河及其两侧湿地和带状绿地构成;

三环指由沿明城墙、绕城公路、公路二环两侧的环形绿地构成;

六楔指城镇发展轴之间外围区域绿地向城镇内部楔入的楔形绿地;

十四射指由沿主城向外辐射的高速公路两侧绿地构成。

根据2007总规中的绿地及生态保护规划所划定的范围,做出了未来城市用地发展的排除图层,如图8-39所示。设定一级城市用地排除区,像素值为100,设定二级城市用地排除区,像素值为80。一级城市用地排除区禁止非城市用地转化为城市用地,二级城市用地排除区允许部分区域非城市用地转化为城市用地。

(3) 城市总体规划控制下的城市形态及用地增长预测 模型根据2007年城市总体规划控制要求和城市化目标进行了3种情况的情景推演。第一种情况是外部条件保持不变,城市内部空间发展的驱动力不变,假设城市未来的发展趋势延续了当前城市的城市增长趋势下的情境模拟。城市增长系数取2000—2013年的历史校准数据。模拟结果如图8-40,城市增长系数如表8-9所示。第二种情况是根据城市规划中的生态保护和绿地规划要求,严禁将生态控制区内的用地转化为城市用地,同时假设城市未来的发展趋势延续了当前城市的城市增长趋势下的情景模拟。城市增长系数仍然取2000—2013年的历史校准数据,但在模型运行中引入排除图层。模拟结果如图8-41,城市增长系数如表8-9所示。第三种情况是假设城市化进程加速发展,在沿交通干线的周边自发出现村落,同时保证城市规划中的生态保护区内的用地不转化为城市用地。城市增长系数修改2000—2013年的历史校准数据,增加扩散系数及蔓延系数的值,并增加道路引力系数值。模拟结果如图8-42,城市增长系数如表8-10所示。

模型采用500×626(137 m×137 m为元胞空间尺寸)分辨率为预测模型图像尺寸。3种情况

---

① 2007—2030年南京城市总体规划

下的城市用地增长数据表如表 8-11 至 8-13 所示。

表 8-9　外部条件不变情况下城市增长系数表

扩散系数	蔓延系数	传播系数	坡度系数	道路引力系数
1	1	100	40	22

表 8-10　加快城市化进程下城市增长系数表

扩散系数	蔓延系数	传播系数	坡度系数	道路引力系数
25	35	100	80	100

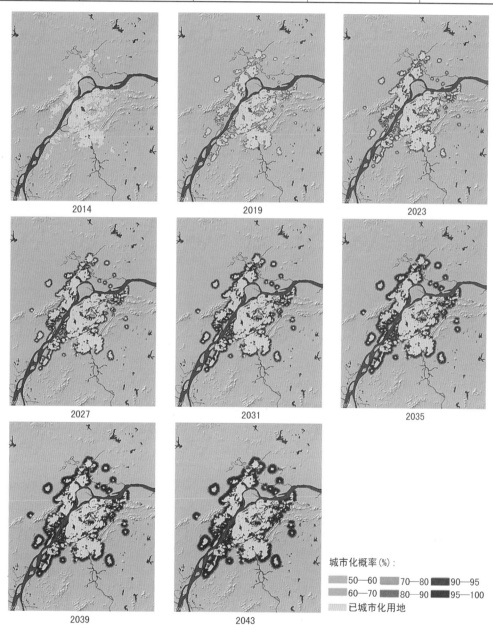

城市化概率(%)：
█ 50—60　█ 70—80　█ 90—95
█ 60—70　█ 80—90　█ 95—100
░ 已城市化用地

图 8-40　无生态保护控制下的南京都市区发展形态预测图①

----

① 分辨率：500×626，增长系数如表 8-9

模拟结果显示在城市总体规划中的生态及绿地保护区域的设定对城市空间增长的限制作用不大,两者到 2043 年城市用地的差距仅 100 km²,原因是生态保护区域大部分为山体和河流的岛屿。由于模型中已设定了坡度阈值,超过坡度 22% 的非城市用地是无法转化为城市用地的,生态保护区域往往是坡度超过 22% 的区域,因此对城市用地增长的抑制作用不明显。第三种加快城市化进程的情景模拟(增加扩散系数、蔓延系数、坡度系数和道路引力系数方案)是假设未来涌现的村镇主要聚集在不断向外蔓延的交通设施两侧,并呈现自发增长的态势。城市发展已不遵循由城市建成密集地区直接向外紧凑发展的规律。可以说第三种方案是一种假想方案。

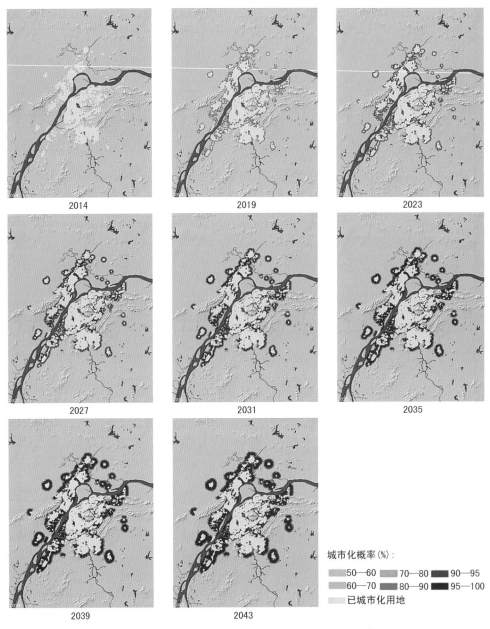

图 8-41　生态绿地保护控制下的发展形态预测图①

---

①　分辨率:500×626,增长系数如表 8-9

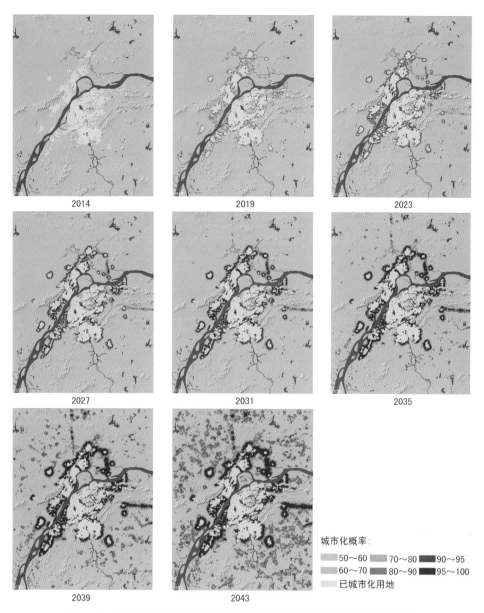

图8-42 加快城市化进程并生态绿地保护控制下的发展形态预测图①

表8-11 2013—2043年城市用地增长数据表(对未来城市用地没有生态保护条件下)

年份	城市用地面积 (km²)	城市用地 增长率	扩散系数	繁衍系数	传播系数	坡度系数	道路引力 系数
2014	507.60	6.13	1.00	1.00	100.00	40.23	22.00
2019	651.72	4.10	1.12	1.15	100.00	32.21	22.53
2024	769.24	2.80	1.16	1.18	100.00	23.56	24.11
2029	871.35	2.35	1.21	1.16	100.00	12.54	25.76
2034	974.14	2.10	1.22	1.18	100.00	26.41	24.46
2039	1075.64	1.89	1.28	1.22	100.00	27.13	26.25
2043	1156.86	1.73	1.35	1.31	100.00	28.41	28.33

① 分辨率:500×626,增长系数如表8-10

表 8-12　2013—2043 年城市用地增长数据表(生态保护控制下)

年份	城市用地面积(km²)	城市用地增长率	扩散系数	繁衍系数	传播系数	坡度系数	道路引力系数
2014	506.14	5.79	1.00	1.00	100.00	40.21	22.00
2019	641.24	3.80	1.05	1.04	100.00	31.47	23.28
2024	743.56	2.51	1.10	1.12	100.00	21.43	24.57
2029	830.61	2.02	1.16	1.18	100.00	10.54	25.46
2034	911.24	1.80	1.22	1.24	100.00	1.06	26.55
2039	994.57	1.60	1.28	1.28	100.00	1.01	27.31
2043	1057.46	1.50	1.35	1.35	100.00	1.00	28.14

表 8-13　2013—2043 年城市用地增长数据表(加速城市化进程,并生态保护控制下)

年份	城市用地面积(km²)	城市用地增长率	扩散系数	繁衍系数	传播系数	坡度系数	道路引力系数
2014	506.21	5.60	25.00	35.00	100.00	80.36	22.00
2019	648.42	4.48	26.13	37.14	100.00	71.45	22.53
2024	810.45	4.40	27.34	38.49	100.00	61.24	23.11
2029	1030.59	5.02	29.17	41.23	100.00	49.21	23.74
2034	1362.47	5.69	31.45	43.17	100.00	34.12	24.42
2039	1836.42	5.82	32.76	45.69	100.00	15.24	25.15
2043	2318.47	5.46	33.21	46.56	100.00	1.24	25.93

2)南京土地利用总体规划机制下南京都市区空间发展的情景预测

《2006—2020 年南京土地利用总体规划》中土地利用战略任务指出要正确处理保障发展与保护资源的关系,严格保护耕地特别是基本农田,保障合理用地需求,优化土地利用结构和空间布局,为推进转型发展、创新发展和跨越发展,建设先进制造业基地,提升国家综合交通枢纽地位,发挥国家中心城市集聚、辐射和带动功能提供用地支撑。规划期内,耕地、基本农田向农业生产基础和潜力较好的六合区、江宁区、溧水县、高淳县集中,城镇工矿用地向沿江地区和宁连-宁高沿线地区集聚,农田、水面、山林有序穿插于城市组团之间,经济发展与生态建设、耕地保护和谐统一。

(1)基本农田、生态保护与排除图层

与建设用地相关的功能用地主要分为基本农田集中区、一般农业发展区、城镇村发展区、自然与文化遗产保护区、独立工矿区、林业发展区等等。

基本农田集中区分布在城镇发展区以外,基本农田分布集中度较高、优质基本农田所占比例较大的区域,是全市粮食和优质农产品的主产区,土地利用以基本农田保护和农田水利建设为主导。面积 231 173.0 hm²,占全市土地总面积 35.1%。

一般农业发展区指园地、牧草地、养殖水面、河湖水面及相对分散的耕地分布区,全市水果、水产、畜禽等农产品的重要生产区。面积 196 102.3 hm²,占全市土地总面积 29.9%。

林业发展区指老山、芝麻岭、青龙山、大连山、云台山、东庐山、牛首山、祖堂山等林地集中分布区域,是水系保护廊道和绿色廊道的重要节点,土地利用以发展林业和生态保护为主导。面积 42 321.0 hm²,占全市土地总面积 6.4%。

根据土地利用总体规划中的功能用地划分,作出未来城市用地发展的排除图层,如图 8-44 所示。设定水体、水域及河流及基本农田保护区为最高级别城市用地排除区,像素值为100,设定林业发展区为二级城市用地排除区,像素值为80。设定一般农地区为三级城市用地排除区,像素值为40。水体、水域及河流及基本农田保护区禁止非城市用地转化为城市用地,二级城市用地排除区允许部分区域非城市用地转化为城市用地,三级城市用地排除区城市化概率较二级城市用地排除区增高。

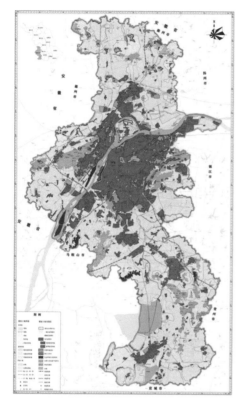

图8-43　南京土地利用总体规划图

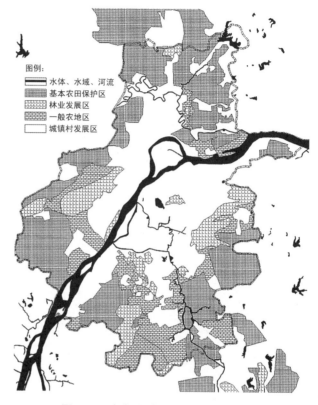

图8-44　根据土地利用规划保护区设定的排除图层

（2）土地利用规划控制下的城市形态及用地增长预测

模拟仍假设按照两种情况设定,第一种情况为引入农田及生态保护的排除图层,但城市增长系数仍然为2000—2013年的城市增长系数校准值。第二种情况为,引入农田及生态保护的排除图层,加速城市化进程,修改2000—2013年的城市增长系数校准值,提高扩散系数、繁衍系数、道路引力系数值。为了与南京城市总体规划的未来用地增长结果进行对比,上述两种情况与南京城市总体规划的模拟系数相同,坡度阈值设定为25%。增长系数如表8-9、表8-10所示。模拟结果如图8-45、图8-46所示。

模拟结果显示未来30年,土地利用总体规划对于制约城市用地的增长作用高于南京城市总体规划。原因是基本农田和林业发展区的保护范围较大,抑制城市用地的增长速度,而一般农业用地区由于设置了排除权重,同样抑制了城市用地的发展。在模拟预测过程中,城市用地增速开始较快,然后慢慢减弱,原因是在城市用地在扩散过程中受到排除图层的制约或遭遇水体、水域及河流的阻挡。这种制约作用是可以调控的,在模拟中,一般农用地采用的权重数是40,若降低该值,该区域城市化概率提高,城市用地的增速会适当增加。因此,可以通过修改一般农用地的权重值调整城市用地供给的数量,调节城市用地的增长速度。第二种加速城市化进程的情境模拟中,自发城市化区域由于受到基本农田保护区域的限制而形成范围减小,形成的区域同样是沿交通线

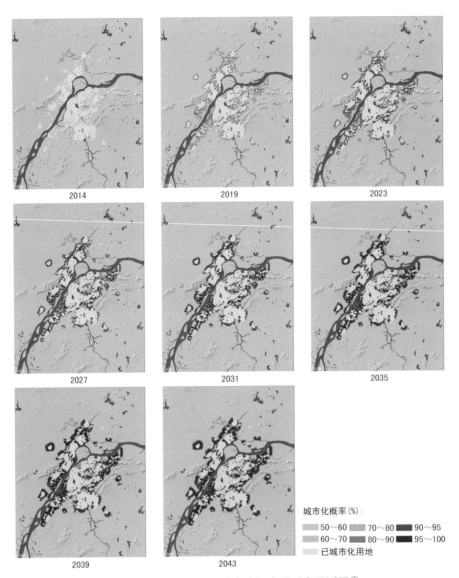

图 8-45 原增长系数下城市空间发展形态预测图①

周边自发生成。基于土地利用总体规划的城市用地增长表如表 8-14、表 8-15 所示。土地利用总体规划和城市总体规划的城市用地增长对比图如图 8-47 所示。

《2006—2020 年南京土地利用总体规划》和《2007—2030 年南京城市总体规划》的城市用地增长对比显示城市总体规划的生态保护方案可以导致城市用地快速增长,农田、林地等景观类型面积迅速减少。土地利用总体规划中基本农田与生态保护方案虽然可以较好地保持紧凑的城市增长格局,减少对其他景观的侵占,但城市用地增长速度过慢,与区域经济发展现状相矛盾。如何实现生态的可持续发展但不能影响经济社会的可持续发展,如何权衡社会经济发展、城市用地增长与农田、生态环境保护之间的关系,提高土地资源配置效率等问题需要政府多个部门间的共同协作与决策。

---

① 分辨率:500×626,增长系数如表 8-9

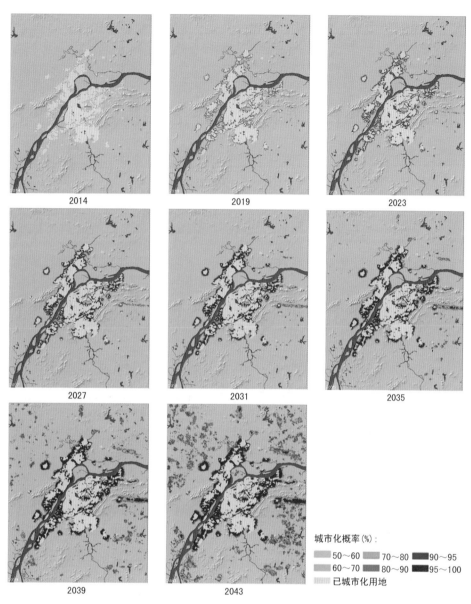

图 8-46　修改系数后的城市发展形态预测图①

表 8-14　2013—2043 年城市用地增长数据表(农田保护控制下,原增长系数情况)

年份	城市用地面积 (km²)	城市用地 增长率	扩散系数	繁衍系数	传播系数	坡度系数	道路引力 系数
2014	504.46	5.66	1.00	1.00	100.00	40.21	22.00
2019	634.78	3.55	1.05	1.05	100.00	30.56	23.64
2024	724.12	2.14	1.10	1.10	100.00	19.23	24.79
2029	790.90	1.58	1.16	1.16	100.00	25.14	25.34
2034	846.28	1.24	1.21	1.21	100.00	26.17	27.49
2039	895.52	1.06	1.21	1.21	100.00	26.30	28.41
2043	929.38	0.84	1.07	1.07	100.00	26.91	29.64

①　分辨率:500×626,增长系数如表 8-10

表 8-15　2013—2043 年城市用地增长数据表（加速城市化进程，修改增长系数情况）

年份	城市用地面积（km²）	城市用地增长率	扩散系数	繁衍系数	传播系数	坡度系数	道路引力系数
2014	504.21	5.34	25.00	35.00	100.00	80.86	100.00
2019	634.67	3.94	26.36	37.36	100.00	70.24	100.00
2024	761.83	3.59	28.82	39.05	100.00	59.61	100.00
2029	923.39	4.07	29.68	41.12	100.00	46.18	100.00
2034	1163.83	4.72	31.46	43.67	100.00	30.65	100.00
2039	1505.62	5.14	32.89	45.23	100.00	11.04	100.00
2043	1852.42	4.95	33.65	47.34	100.00	1.00	100.00

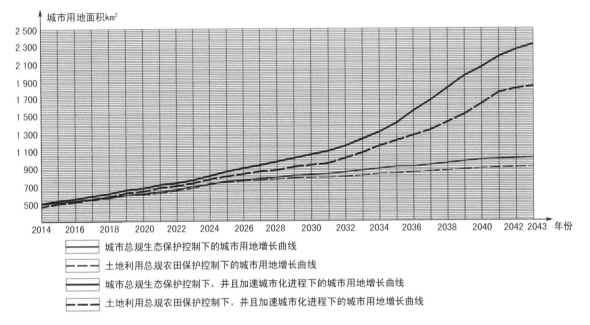

图 8-47　土地利用总体规划和城市总体规划的城市用地增长对比图

8.3.3　南京城市空间演化的个性基因

斯瓦 2002 年提出区域 DNA 的概念。区域 DNA 指每个元胞自动机模型可以使用相同的基本要素（例如：道路、城市、地区）对不同区域进行研究。元胞自动机模型的特征与结构足以敏感地模拟出地方特性的特征和细微变化，从而反映出在自然与人类共同作用下形成的地方个性。因此，组成每个区域的主要要素可以说都是相同的，只是这些要素在数量与密度上的差异造就了区域与区域之间的唯一性[①]。

SLEUTH 模型提供了对所有城市都适用的城市增长 5 个基本模式和要素。对南京案例来说，沿道路增长模式和坡度增长模式是最具地域代表性的两个特征。坡度增长贯穿了南京主城发展的全过程，这与南京特殊的地形地貌环境相关联。道路增长模式则反映出南京城市历史发展的轨迹。中国其他的城市也有道路增长模式，但可以发现道路增长系数值总是不高，而南京城市模

① Silva E A，Clarke K C. Calibration of the SLEUTH Urban Growth Model for Lisbon and Porto，Portugal[J]. Computers，Environment and Urban Systems，2002，26(6)：525-552

拟中道路增长系数值非常高,原因就在于南京特定的历史背景。从 1920 年《南京北城区发展计划》的干路计划,到 1928 年《首都大计划》的道路系统,再到 1929 年《首都计划》道路、公园林荫大道系统,一系列规划虽然没能够全部实施,但实施部分构成了南京城市道路基本骨架和结构。当南京建立整个道路系统时,南京城市用地主要仍集中在城南和下关,城北、城东都有大片的空地。南京有很长的一段时间城市用地的增长是沿道路网发展的,然后再进行路网间填充式发展。而中国很多的城镇道路网系统(例如淮安)则是随着城市用地的扩展逐渐延伸的,因此,很多城市沿道路增长模式并不典型。因此,本书认为边缘式或圈层式的城市扩展是大多数中国城市增长的共性,南京同样表现出边缘式增长的特征,但能够体现出南京城市发展个性特征的则是坡度增长和沿道路引力增长的城市增长模式。

每个特定城市的演化和生长过程常常反映城市特定的历史背景和历史发展事件,因此一个城市的发展个性是通过与其他城市特性对比而显现出来。对比一下南京与淮安两个城市不同的城市特性。淮安以边缘式增长和道路引力增长为主,但最典型的特征表现为边缘式增长和填充式增长。南京以边缘增长、坡度增长和道路引力增长为主,但最典型的特征是坡度增长和道路引力增长,如图 8-48。这种城市生长特征或特质既可以帮助我们理解城市发展的过去,也可以帮助我们规划城市发展的未来。

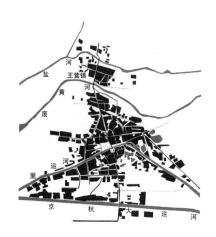

1946 年南京
扩散系数:1;繁衍系数:2;传播系数:35;坡度系数:70;
道路引力系数:77

1978 年淮安
扩散系数:1;繁衍系数:1;传播系数:11;
道路引力系数:22

图 8-48　南京与淮安的城市个性

9 结语:大尺度城市建模与城市规划管理

大尺度城市模型的文献记载于 1950 年代,这些模型最初开发于美国和英国,主要是为了满足关于土地使用和交通规划战略的公共政策的需要。虽然许多学术机构也进行了参与,但模型的建立主要还是以企业的实际需求为出发点,并以通过应用解决实际问题为首要目的。1973 年,李出版的著名文章《大尺度模型的安魂曲》中指出了此类模型的 7 个缺陷,包括模型过于综合、大而粗糙、数据冗繁、代价高昂等问题,引发有关大尺度城市模型的激烈讨论。1994 年后随着计算机迅速发展和人工智能技术的不断推进,大尺度城市模型进入一个全新的发展时期。

从宏观角度来看,大尺度城市模型是在城市与区域层次上配置土地利用、交通和其他相关活动的计算机模型,广泛应用于规划实践和政策分析领域,包括土地利用变化、交通分析、交通与土地利用互动、住房市场和公共服务等等[①]。随着复杂系统思想在城市规划界理解的逐步深入,大尺度城市模型成为城市复杂系统演化实验室。国外大多数的大尺度城市模型是空间交互模型、空间经济学模型和土地利用与空间交互模型,并非有关城市空间形态演化的计算模型。本书讨论的仅指以元胞自动机和多智能模型为代表的有关城市空间形态演化的大尺度城市模型。

9.1 城市规划方案的可行性分析与评估

大尺度城市模型在城市规划运用中的作用包括:①理解影响城市空间形态及城市用地发展的主要因素;②为未来的城市规划方案提供更好的依据;③通过多方案情景模拟,可以帮助政府部门评价和检测各种替代性方案;④帮助规划师设计更为现实的方案。城市建模的重要环节是将理论与建模过程联系起来,并将校准后数据再运用回到理论中进行探讨和验证。这一互动式的校核过程可以帮助政府决策者理解模型是怎样对不同景观要素做出反应的。

城市作为复杂系统,对于政府部门、城市规划和研究人员来说,研究的对象不仅仅是物质环境,还涉及人的因素和人文系统。每个子系统之间的相互作用复杂而难以把握,这也就形成了规划难以实现等问题。大尺度城市建模作为研究城市空间发展规律工具,对于减少城市发展不确定性、非线性等复杂系统特征具有重要作用。

元胞自动机模型和基于多智能体模型是典型的自下而上的数学模型,局部邻域空间对城市形态的构成具有重要作用。但现实中的城市形态的动态演变不仅受到局部微观邻域的作用,同时受到国家的经济、政治、城市规划、政府政策引导等宏观因素的作用。为了引入这些宏观要素,城市元胞自动机模型在传统元胞自动机模型的基础上通过程序开发,引入了宏观要素对城市空间的引导作用。西方发达国家的城市元胞自动机模型,例如 Environment Explorer 模型,在元胞自动机模型基础上引入了宏观尺度模型,即宏观尺度的非空间模型,表征人口、经济和自然环境要素的非空间数据模型,由自然子系统、社会子系统和经济子系统 3 个部分组成。DUEM 模型为了体现城市空间中的社会经济、政治等宏观约束机制,构建了一个嵌套的空间层级系统,用微观、中观、宏观

---

① 史进,童昕,李天宏. 大尺度城市模型研究进展[J]. 城市规划,2015,39(3):104-112

三个空间层面表现整个城市空间结构。SLEUTH 模型则通过引入排除图层的方式体现政府对土地的宏观控制。

在西方发达国家模型中,城市中经济宏观政策因素常常占据模型计算的重要方面,城市市场经济对土地的宏观作用体现在效益最大化、区位最优等城市经济学理论中。中国的情况则与西方发达国家不同,中国的城市规划土地审批和划拨基本掌握在政府的手中,城市规划编制与实施制度具有调控城市增长规模和形态的作用。根据城市规划法和 2008 年实施的城乡规划法,城市总体规划内容涉及城市、镇的发展布局,其中规划区范围,规划区内建设用地规模为强制性内容。由于我国城市规划一经批准即具有法律效应,总体规划的规划区以及规划区内建设用地范围类似于国外城市增长边界作用,通常更新周期为 20 年。为实施总体规划而编制的近期建设规划,明确 5年内的建设时序、发展方向和空间布局。"一书两证"制度则在土地开发环节上管理地块的位置、使用性质和开发强度等。通过城市规划的编制和土地管理,政府可以在静态上控制城市增长规模,在动态上管理城市增长的形态①。因此,中国城市模型中城市规划,尤其是规划区范围和建设用地范围对城市的空间增长具有重要的导向作用。

9.2 城市模型与城市问题

由于城市的研究目标很多,即城市需要解决的问题很多,因此人们总是考虑构建复杂城市模型。但城市模型过于复杂,模型中会出现太多的变量数据、等式和交互。这样的结果导致尽管数据集庞大,模型并没有为规划人员提供足够的细节,整个模型显得粗劣②。因此,应将复杂的城市研究目标分解,运用不同的城市模型解决不同的城市问题。复杂的城市目标不可能用一个城市模型就能解决。例如,SLEUTH 模型的程序算法可以运用穷尽计算的方法计算不同年份城市边界的扩展,并能运用图层输入的方式识别城市道路、地形地貌信息数据,测算城市用地沿地形、地貌及道路的增长过程。但 SLEUTH 模型对于功能用地的识别能力较弱,因此也无法识别土地置换产生的土地利用性质变更。因此,对于以功能用地分析为主要研究目标的城市模型,就应考虑用其他的城市元胞自动机建模平台来实现,例如 Environment Explorer、DUEM 模型。对于人口密度、就业、经济部门等有关城市经济学分析的城市模型,可以考虑通过 UrbanSIM 等模型来实现。不同的模型对于城市问题的不同研究方面作用各不相同,具有各自优势和劣势,不能期望一个城市模型解决所有城市问题。

根据我国的城市规划编制体系,从城市发展战略规划到城市总体规划,再到控制性规划或近期规划,运用城市模型解决所有时间跨度的城市形态预测并不现实,可以考虑逐步建立适用于城市模型研究的量化数据库,对大空间尺度规划战略的社会、经济、环境影响进行预评估,保证后续规划模型的合理性。当规划发展到近期规划阶段时,再考虑建立精细的大尺度城市模型实现对规划、政策的分析、评估与辅助。

9.3 城市模型技术新的发展趋势——个性化

基于智能体模型可以模拟个体选择行为,揭示自下而上空间秩序的涌现过程,从而实现对复杂系统空间行为的模拟和反演。由于个体行为与决策动机常常与政府地方化决策相关联,因此基

---

① 陈爽,姚士谋,吴剑平. 南京城市用地增长管理机制与效能[J]. 地理学报,2009,64(4):487-497

② Lee D B. Requiem for Large-Scale Models[J]. Journal of the American Institute of Planners, 1973,39(3):158-66

于多智能体模型可以为政府的地方化决策提供分析与评价依据,同时也成为城市模型新的发展与研究方向。

由于目前中国城市发展缺乏明确的规律,城市空间发展呈现很多不确定性因素,因此在规则定义中会出现困难,尤其是大城市。可以考虑在规则定义中引入数据挖掘技术。数据挖掘是从数据库中发现知识的技术,它针对知识获取的困难和不确定性而提出来,可以自动从海量数据中挖掘出知识,而具体知识的获取是通过机器学习的算法实现的。这些算法包括遗传算法、粗集、案例推理、决策树等等。数据挖掘技术能有效地从 GIS 数据库中挖掘出地理知识,包括空间分布规律等。将数据挖掘技术与城市元胞自动机结合,可以自动从观察数据中生成模拟所需要的转换规则,并同时完成模型的纠正过程[①]。

数据挖掘研究属于地理空间分析,它是多学科交叉的综合学科。近年,不断有新的方法促使该学科领域范围研究不断成熟与扩大,有理由相信随着新的技术与方法的不断出现,人们将会找出更多的城市系统特征和规律。

---

① 黎夏,叶嘉安.地理模拟系统:元胞自动机与多智能体[M].北京:科学出版社,2007:63

主要参考文献

一、著作

[1] 仇保兴. 和谐与创新[M]. 北京:中国建筑工业出版社,1996.

[2] 顾朝林,甄峰,张京祥. 集聚与扩散——城镇空间结构新论[M]. 南京:东南大学出版社,2000.

[3] Salat S. 城市与形态[M]. 陆阳,张艳,译. 北京:中国建筑工业出版社,2012

[4] 斯皮罗·科斯托夫. 城市的形成——历史进程中的城市模式和城市意义[M]. 单皓,译. 北京:中国建筑工业出版社,2005.

[5] 赫曼·赫茨伯格. 建筑学教程1:设计原理[M]. 仲德崑,译. 天津:天津大学出版社,2003.

[6] 钱学森,戴汝为. 论信息空间的大成智慧[M]. 上海:上海交通大学出版社,2007.

[7] 亚历山大 C,奈斯 H,安尼诺 A,等. 城市设计新理论[M]. 陈治业,童丽萍,译. 北京:知识产权出版社,2002.

[8] 尼科斯·A. 萨林加罗斯. 城市结构原理[M]. 阳建强,等,译. 北京:中国建筑工业出版社,2011.

[9] 伊利尔·沙里宁. 城市:它的发展、衰败与未来[M]. 顾启源,译. 北京:中国建筑工业出版社,1980.

[10] 赵广超. 大紫禁城[M]. 北京:紫禁城出版社,2008.

[11] 比尔·希利尔. 空间是机器——建筑组构理论[M]. 3版. 杨滔,张佶,王晓京,译. 北京:中国建筑工业出版社,2008.

[12] Wolfram S. A New Kind of Science[M]. Champaign:Wolfram Media, Inc. , 2002.

[13] Batty M, Longley P. Fractal Cities — A Geometry of Form and Function[M]. Salt Lake City:Academic Press, 1994.

[14] Batty M. Cities and Complexity[M]. Cambridge:MIT Press, 2004.

[15] Epstein J M, Axtell R. Growing Artificial Societies:Social Science from the Bottom Up[M]. Washington, D. C. :Brookings Institution Press;Cambridge:MIT Press, 1996.

[16] Openshaw S, Abrahart R. Geocomputation[M]. London and New York:Taylor & Francis, 2000.

[17] 周成虎,孙战利,谢一春. 地理元胞自动机研究[M]. 北京:科学出版社,1999.

[18] 江斌,黄波,陆锋. GIS 环境下的空间分析和地学视觉化[M]. 北京:高等教育出版社,2002.

[19] 陈彦光. 分形城市系统:标度·对称·空间复杂性[M]. 北京:科学出版社,2008.

[20] 保罗·诺克斯,琳达·迈克卡西. 城市化[M]. 顾朝林,汤培源,杨兴柱,等,译. 北京:科学

出版社,2008.

[21] 大卫·哈维. 地理学中的解释[M]. 高泳源,刘立华,蔡运龙,译;高泳源,校. 北京:商务印书馆,1996.

[22] Batty M. Urban Modelling[M]. Cambridge:Cambridge University Press,1976.

[23] Thomas R W, Huggett R J. Modelling in Geography:A Mathematical Approach[M]. New Jersey:Barnes & Noble Books,1980.

[24] 尼格尔·泰勒. 1945年后西方城市规划理论的流变[M]. 李白玉,陈贞,译. 北京:中国建筑工业出版社,2006.

[25] 帕克 R E,伯吉斯 E N,麦肯齐 R D. 城市社会学[M]. 宋俊岭,吴建华,王登斌,译. 北京:华夏出版社,1987.

[26] 威尔逊 A G. 地理学与环境——系统分析方法[M]. 蔡运龙,译. 北京:商务印书馆,1997.

[27] Liu Yan. Modelling Urban Development with Geographical Information System and Cellular Automata[M]. Boca Raton:CRC Press,2009.

[28] 约翰斯顿 R J. 人文地理学词典[M]. 柴彦威,等,译;柴彦威,唐晓峰,校. 北京:商务印书馆,2005.

[29] North M J, Macal C M. Managing Business Complexity:Discovering Strategic Solutions with Agent-Based Modeling and Simulation[M]. New York:Oxford University Press,2007.

[30] 普里戈金,斯唐热. 从混沌到有序——人与自然的新对话[M]. 曾庆宏,沈小峰,译. 上海:上海译文出版社,1987.

[31] Diappi L. 演进的城市——国土规划中的地理计算[M]. 唐恢一,译. 上海:上海交通大学出版社,2008.

[32] 吴良镛. 人居环境科学导论[M]. 北京:中国建筑工业出版社,2011.

[33] Johnston K M. AgentAnalyst — Agent-Based Modeling in ArcGIS[M]. New York:Esri Press,2013.

[34] Portugali J. Self-Organization and the City [M]. Berlin:Springer,1999.

[35] 黎夏,叶嘉安. 地理模拟系统:元胞自动机与多智能体[M]. 北京:科学出版社,2007.

[36] 约翰·霍兰. 隐秩序——适应性造就复杂性[M]. 周晓牧,韩晖,译. 上海:科技教育出版社,2000.

[37] Heppenstall A, Crooks A T, See L M,et al. Agent-Based Models of Geographical Systems [M]. New York, Dordrecht:Springer,2012.

[38] 段进,龚恺,陈晓东,等. 世界文化遗产西递古村落空间解析[M]. 南京:东南大学出版社,2006.

[39] 陈志华,楼庆西,李秋香. 新叶村[M]. 石家庄:河北教育出版社,2003.

[40] 吴彤. 自组织方法论研究[M]. 北京:清华大学出版社,2001.

[41] 袁春海. 淮阴市城乡建设志[M]. 北京:中国建筑工业出版社,1996.

[42] 季士家,韩品峥. 金陵胜迹大全:文物古迹篇[M]. 南京:南京出版社,1993.

[43] 苏则民. 南京城市规划史稿[M]. 北京:中国建筑工业出版社,2008.

[44] 周岚,童本勤,苏则民,等. 快速现代化进程中的南京老城保护与更新[M]. 南京:东南大学出版社,2004.

［45］薛冰.南京城市史［M］.南京：东南大学出版社，2008.

［46］南京市城镇建设综合开发志编委会.南京市城镇建设综合开发志［M］.深圳：海天出版社，1994.

［47］Iltanen S. Urban Generator — Kaupunkirakenteen Kasvun Mallinnusmenetelmä［M］. Tampere：Tampere University of Technology，Juvenes Print，2008.

二、中文期刊论文

［1］房国坤，王咏，姚士谋.快速城市化时期城市形态及其动力机制研究［J］.人文地理，2009(2)：40-43，124.

［2］尼科斯·塞灵格勒斯.连接分形的城市［J］.刘洋，译.国际城市规划，2008，23(6)：81-92.

［3］仇保兴.复杂科学与城市规划变革［J］.城市规划，2009，33(4)：11-28.

［4］唐茂华.东西方城市化进程差异性比较及借鉴［J］.国家行政学院学报，2007(5)：99-101.

［5］陈爽，姚士谋，吴剑平.南京城市用地增长管理机制与效能［J］.地理学报，2009，64(4)：487-497.

［6］黎夏，叶嘉安.约束性单元自动演化 CA 模型及可持续城市发展形态的模拟［J］.地理学报，1999，54(4)：289-298.

［7］吴晓青.SLEUTH 城市扩展模型的应用与准确性评估［J］.武汉大学学报（信息科学版），2008，33(3)：293-396.

［8］郗凤明，胡远满，贺红士，等.基于 SLEUTH 模型的沈阳—抚顺都市区城市规划［J］.中国科学院研究生院学报，2009，26(6)：765-772.

［9］冯徽徽，夏斌，吴晓青，等.基于 SLEUTH 模型的东莞市区城市增长模拟研究［J］.地理与地理信息科学，2008，24(6)：76-79.

［10］钱学森，于景元，戴汝为.一个科学新领域——开放的复杂巨系统及其方法论［J］.城市发展研究，2005，12(5)：1-8.

［11］万励，金鹰.国外应用城市模型发展回顾与新型空间政策模型综述［J］.城市规划汇刊，2014(1)：81-91.

［12］刘妙龙，李乔，罗敏.地理计算——数量地理学的新发展［J］.地理科学进展，2000，15(6)：679-683.

［13］周干峙.城市及其区域——一个典型的开放的复杂巨系统［J］，城市规划，2002，26(2)：7-9.

［14］孙战利.空间复杂性与地理元胞自动机模拟研究［J］.地理信息科学，1999，11(2)：32-37.

［15］刘小平，黎夏，叶嘉安，等.利用蚁群智能挖掘地理元胞自动机的转换规则［J］.地球科学，2007，37(6)：824-834.

［16］杨青生，黎夏.多智能体与元胞自动机结合及城市用地扩张模拟［J］.地理科学，2007，27(4)：542-548.

［17］刘小平，黎夏，艾彬，等.基于多智能体的土地利用模拟与规划模型［J］.地理学报，2006，61(10)：1101-1112.

［18］丁浩，杨小平.Swarm——一个支持人工生命建模的面向对象模拟平台［J］.系统仿真学报，2002，14(5)：569-572.

［19］刘继生，陈彦光.基于 GIS 的细胞自动机模型与人地关系的复杂性探讨［J］.地理研究，

2002,21(2)：155-162.

[20] 范文中. 淮阴市城市形态演变发展的研究[R]，1996.

[21] 张振龙，顾朝林，李少星. 1979 年以来南京都市区空间增长模式分析[J]. 地理研究，2009,28(3):817-828.

[22] 顾朝林，陈振光. 中国大都市空间增长形态[J]. 城市规划,1994(6)：45-50.

[23] 宗跃光. 大都市空间扩展的廊道效应与景观结构优化——以北京市区为例[J]. 地理研究,1998,17(2):119-124.

[24] 刘纪远，王新生，庄大方，等. 凸壳原理用于城市用地空间扩展类型识别[J]. 地理学报,2003,58(6):885-892.

[25] 赵锦辉. 西方城市管理理论:起源,发展及其应用[J]. 渤海大学学报(哲学社会科学版),2008,30(5):112-117.

[26] 史进,童昕,李天宏. 大尺度城市模型研究进展[J]. 城市规划,2015,39(3):104-112.

三、英文期刊、会议论文

[1] Batty M. Generating cities from the bottom-up: Using complexity theory for effective design[EB/OL]. 2008. http://www. cluster. eu/generating-cities-from-the-bottom-up-creare-la-citta-dal-basso-in-alto/2008-09-16.

[2] Batty M, Jiang B. Multi-Agent Simulation: New Approaches to Exploring Space-Time Dynamics within GIS[C]. Working Paper Series 10 of Centre for Advanced Spatial Analysis. London: University College London, 1999.

[3] Batty M. Building a Science of Cities [C]. Working Paper Series 170 of Centre for Advanced Spatial Analysis. London: University College London, 2010.

[4] Clarke K C, Dietzel C, Goldstein N C. A Decade of SLEUTHing: Lessons Learned from Applications of a Cellular Automaton Land Use Change Model [R]. Institute for Environmental Studies, 2007.

[5] Langton C G. Studying Artificial Life with Cellular Automata [J]. Physica D Nonlinear Phenomena, 1986, 22(86):120-149.

[6] Tobler W R. A Computer Movie Simulation Urban Growth in the Detroit Region[J]. Economic Geography, 1970, 46(2)：234-240.

[7] Tobler W R. Cellular Geography[M]// Gale S, Olsson G. Philosophy in Geography. Dordrecht: D. Reidel Publishing Company, 1979: 379-386.

[8] Phipps M. Dynamical Behavior of Cellular Automata Under the Constraint of Neighborhood Coherence[J]. Geographical Analysis,1989, 21(3)：197-215.

[9] White R, Engelen G. Cellular Automata and Fractal Urban Form: A Cellular Modelling Approach to the Evolution of Urban Land-Use Patterns[J]. Environment and Planning A, 1993,25(8):1175-1199.

[10] Clarke K C, Hoppen S, Gaydos L. A Self-Modifying Cellular Automaton Model of Historical Urbanization in the San Francisco Bay Area[J]. Environment and Planning B: Planning and Design, 1997, 24(2):247-261.

［11］Clarke K C，Gaydos L. Loose-Coupling a Cellular Automaton Model and GIS：Long-Term Urban Growth Prediction for San Francisco and Washington/Baltimore［J］. International Journal of Geographical Information Science，1998,12(7):699-714.

［12］Wu F，Webster C J. Simulation of Land Development Through the Integration of Cellular Automata and Multicriteria Evaluation［J］. Environment and Planning B，1998，25(1)：103-126.

［13］Wu F，Martin D. Urban Expansion Simulation of Southeast England Using Population Surface Modelling and Cellular Automata［J］. Environment and Planning A，2002，34(10):1855-1876.

［14］Li X，Yeh A G O. Modelling Sustainable Urban Development by the Integration of Constrained Cellular Automata and GIS［J］. International Journal of Geographical Information Science，2000，14(2):131-152.

［15］Deadman P，Brown R D，Gimblett P. Modelling Rural Residential Settlement Patterns with Cellular Automata［J］. Journal of Environment Management，1993，37(2):147-160.

［16］Besussi E，Cecchini A，Rinaldi E. The Diffused City of the Italian North-East：Identification of Urban Dynamics Using Cellular Automata Urban Models［J］. Computers Environment and Urban Systems，1998，22(5):497-523.

［17］Ward D P，Murray A T，Phinn S R. A Stochastically Constrained Cellular Model of Urban Growth［J］. Computer，Environment and Urban Systems，2000，24(6):539-558.

［18］Benenson I. Multi-Agent Simulations of Residential Dynamics in the City［J］. Computers，Environment and Urban Systems，1998,22(1):25-42.

［19］Takeyama M，Couclelis H. Map Dynamics：Integrating Cellular Automata and GIS Through Geo-Algebra［J］. International Journal of Geographical Information Science，1997(11):73-91.

［20］Colonna A，Stefano V D，Lombardo S，et al. Learning Cellular Automata：Modeling Urban Modeling［C］. Milan：Proceedings of the 2nd Conference on Cellular Automata for Research and Industry,1996.

［21］Schelling T C. Dynamic Models of Segregation［J］. Journal of Mathematical Sociology，1971(1):143-186.

［22］Reynolds C. Flocks，Herds，and Schools：A Distributed Behavioral Models［J］. Computer Graphics，1987，21(4):25-34.

［23］Benenson I，Omer I Hatna E. Entity-Based Modeling of Urban Residential Dynamics：The Case of Yaffo，Tel Aviv［J］. Environment and Planning B：Planning and Design，2002,29(4):491-512.

［24］Crooks A T. Constructing and Implementing an Agent-Based Model of Residential Segregation Through Vector GIS［C］. Working Paper Series 113 of Centre for Advanced Spatial Analysis. London：University College London，2008.

［25］Frankhouser P. Fractal Geometry of Urban Patterns and Their Morphogenesis［J］. Discrete Dynamics in Nature and Society，1997，2(2):127-145.

［26］Wu F L. Simland：A Prototype to Simulate Land Conversion Through the Integrated

GIS and CA with AHP-Drived Transition Rules[J]. International Journal of Geographical Information Science, 1998, 12 (1):63-82.

[27] Batty M, Torrens P M. Modelling and Prediction in a Complex World[J]. Futures, 2005,37(7):745-766.

[28] Sui D Z. GIS-Based Urban Modelling: Practice, Problems and Prospects[J]. International Journal of Geographical Information Science, 1998,12(7):651-671.

[29] Bonabeau E. Agent-Based Modeling: Methods and Techniques for Simulating Human Systems[C]. Proceedings of the National Academy of Sciences of the United States of America, 2002, 99(supplement 3): 7280-7287.

[30] White R, Engelen G. High-Resolution Integrated Modelling of the Spatial Dynamics of Urban and Regional Systems[J]. Computer, Environment and Urban System, 2000,24(5): 383-400.

[31] Hagerstrand T. A Monte-Carlo Approach to Diffusion[J]. European Journal of Sociology, 1965, 6(1):433-467.

[32] Chapin F S, Weiss S F. A Probabilistic Model for Residential Growth[J]. Transportation Research, 1968,2(4): 375-390.

[33] Couclelis H. Cellular Worlds:A Framework for Modeling Micro-Macro Dynamics[J]. Environment and Planning A, 1985,17(5):585-596.

[34] Xie Y C. A Generalized Model for Cellular Urban Dynamics[J]. Geographical Analysis, 1997,28(4):350-373.

[35] Dietzel C,Clarke K C. Toward Optimal Calibration of the SLEUTH Land Use Change Model[J]. Transactions in GIS, 2007,11(1):29-45.

[36] Engelen G, White R, Uljee I, et al. Using Cellular Automata for Integrated Modeling of Socio-Environmental Systems [J]. Environemntal Monitoring and Assessment, 1995,34(2): 203-214.

[37] Castle C J E, Crooks A T. Principles and Concepts of Agent-Based Modelling for Developing Geospatial Simulations[C]. Working Paper Series 110 of Centre for Advanced Spatial Analysis. London: University College London, 2006

[38] White R, Engelen G. Cellular Automata as the Basis of Integrated Dynamic Regional Modelling[J]. Environment and Planning B: Planning and Design, 1997, 24(2): 235-246.

[39] Engelen G, White R, Nijs T D. Environment Explorer: Spatial Support System for the Integrated Assessment of Socio-Economic and Environmental Policies in the Netherlandsp[J]. Integrated assessment, 2003, 4(2): 97-105.

[40] Li Xia, Chen Yimin, Liu Xiaoping, et al. Concepts, Methodologies, and Tools of An Integrated Geographical Simulation and Optimization System[J]. International Journal of Geographical Information Science, 2011, 25(4): 633-655.

[41] Li Xia, Shi Xun, et al. Coupling Simulation and Optimization to Solve Planning Problems in a Fast-Developing Area[J]. Annals of the Association of American Geographers, 2011, 101(5): 1032-1048.

［42］ Parker D C, Manson S M, Janssen M A, et al. Multi-Agent Systems for the Simulation of Land-Use and Land-Cover Change: A Review[J]. Annals of the Association of American Geographers, 2003, 93(2):314-337.

［43］ Torrens P M, O'Sullivan D. Cellular Automata and Urban Simulation: Where Do We Go from Here[J]. Environment and Planning B:Planning and Design, 2001, 28: 163-168.

［44］ O'Sullivan D, Torrens P M. Cellular Models of Urban Systems [C]// Bandini S, Warsch T. Theoretical and Practical Issues on Cellular Automata-Proceedings of the Fourth International Conference on Cellular Automata for Research and Industry. London: Springer-Verlag, 2001:108-116.

［45］ Benenson I, Torrens P M. Geographic Automata Systems: A New Paradigm for Integrating GIS and Geographic Simulation[C]. Proceedings of the 7th International Conference on Geo-Computation. Southampton: University of Southampton, 2003: 367-369.

［46］ Schelling T C. Models of Segregation[J]. The American Economic Review, 1969, 59(2): 488-493.

［47］ Turner A, Doxa M, O'Sullivan D, et al. From Isovists to Visibility Graphs: A Methodology for the Analysis of Architectural Space[J]. Environment and Planning B: Planning and Design, 2001, 28(1): 103-121.

［48］ Maes P. Modeling Adaptive Autonomous Agents[J]. Artificial Life, 1994, 1:135-162.

［49］ Wooldridge M, Jennnings N. Intelligent Agents: Theory and Practice[J]. The knowledge Engineering Review, 1995,10(2): 115-152.

［50］ Franklin S, Graesser A. Is It an Agent, or Just a Program?: A Taxonomy for Autonomous Agents[R/OL]. http://www-lia. deis. unibo. it/courses/2007-2008/SMA-LS/papers/4/agentorprogram. pdf.

［51］ Macal C M, North M J. Tutorial on Agent-Based Modeling and Simulation[J]. Journal of Simulation, 2010, 4(3):151-162.

［52］ Crooks A T. Using Geo-Spatial Agent-Based Models for Studying Cities [C]. Working Paper Series 160 of Centre for Advanced Spatial Analysis. London: University College London, 2010.

［53］ Helbing D, Molnar P. Social Force Model for Pedestrian Dynamics[J]. Physical Review E, 1995, 51(5):4282-4286.

［54］ Shi J Y, Ren A Z, Chen C. Agent-Based Evacuation Model of Large Public Buildings Under Fire Conditions[J]. Automation in Construction, 2009, 18(3): 338-347.

［55］ Brown D G, Page S, Riolo R, et al. Path Dependence and the Validation of Agent-Based Spatial Models of Land Use[J]. International Journal of Geographical Information Science, 2005, 19(2): 153-174.

［56］ Torrens P M. Automata-Based Models of Urban Systems[M]// Longley P A, Batty M. Advanced Spatial Analysis: The CASA Book of GIS. Redlands: ESRI Press, 2003:61-81.

［57］ Couclelis H. Why I no Longer Work with Agents: A Challenger for ABMs of Human-Environment Interaction[C]. Proceedings of the Special Work shop on Agent, 2001.

[58] Batty M, Desyllas J, Duxbury E. Safety in Numbers? Modelling Crowds and Designing Control for the Notting Hill Carnival[J]. Urban Studies, 2003, 40(8): 1573-1590.

[59] Castle C J E. Developing a Prototype Agent-Based Pedestrian Evacuation Model to Explore the Evacuation of King's Cross St Pancras Underground Station[C]. Working Paper Series 108 of Centre for Advanced Spatial Analysis. London: University College London, 2006.

[60] Couclelis H. Modelling Frameworks, Paradigms, and Approaches[M]// Clarke K C, Parks B E, Crane M P. Geographic Information Systems and Environmental Modelling. Upper Saddle River: Prentice Hall, 2002: 36-50.

[61] Kim D, Batty M. Modeling Urban Growth: An Agent Based Microeconomic Approach to Urban Dynamics and Spatial Policy Simulation[C]. Working Paper Series 165 of Centre for Advanced Spatial Analysis. London: University College London, 2011.

[62] Batty M. A Generic Framework for Computational Spatial Modeling[C]. Working Paper Series 164 of Centre for Advanced Spatial Analysis. London: University College London, 2010.

[63] Agarwal, C, Green G M, Grove J M, et al. A Review and Assessment of Land-Use Change Models: Dynamics of Space, Time, and Human Choice[R]. The Center for the Study of Institutions, Population, and Environmental Change at Indiana University, 2002.

[64] Wagner D F. Cellular Automata and Geographic Information Systems[J]. Environment and Planning B, 1997, 24: 219-234.

[65] Verburg P H, Soepboe W, Veldkamp A, et al. Modeling the Spatial Dynamics of Regional Land Use: The CLUE-S Model[J]. Environmental Manage, 2002, 30(3): 391-405.

[66] Dietzel C, Clarke K C. The Effect of Disaggregating Land Use Categories in Cellular Automata During Model Calibratrion and Forcasting[J]. Computers, Environment and Urban System, 2006, 30(1): 78-101.

[67] Silva E A. The DNA of Our Regions: Artificial Intelligence in Regional Planning[J]. Futures, 2004, 36(10): 1077-1094.

[68] Silva E A, Clarke K C. Calibration of the SLEUTH Urban Growth Model for Lisbon and Porto, Portugal[J]. Computers, Environment and Urban Systems, 2002, 26(6): 525-552.

[69] Xiang W N, Clarke K C. The Use of Scenarios in Land-Use Planning[J]. Environment and Planning B: Planning and Design, 2003, 30(6):885-909.

[70] Clarke K C, Brass J A, Riggan P J. A Cellular Automaton Model of Wildfire Propagation and Extinction[J]. Photogrammetric Engineering and Remote Sensing,1994, 60(11): 1355-1367.

[71] Learey P A, Mesev V. Measurement of Density Gradients and Space Filling in Urban System[J]. Regional science, 2002, 81(1): 1-28.

[72] Camagni R, Gibelli M C, Rigamonti P. Urban Mobility and Urban Form: The Social and Environmental Costs of Different Patterns of Urban Expansion[J]. Ecological Economics, 2002, 40(2): 199-216.

[73] Lee D B. Requiem for Large-Scale Models[J]. Journal of the American Institute of Planners, 1973, 39(3):158-66.

四、学位论文

[1] 李才伟. 元胞自动机及复杂系统的时空演化模拟[D]. 武汉:华中理工大学,1997.

[2] Cheng Jianquan. Modelling Spatial and Temporal Urban Growth[D]. Enschede: ITC, 1999.

[3] O'sullivan D. Graph-Based Irregular Cellular Automaton Models of Urban Spatial Processes[D]. London: Centre for Advanced Spatial Analysis, UCL, 2000.

[4] Candau J. Temporal Calibration Sensitivity of the SLEUTH Urban Growth Model[D]. Santa Barbara: Department of Geography, University of California, Santa Barbara, 2002.

内 容 提 要

　　城市空间作为复杂系统,具有复杂系统的行为演变特征。我国快速城市化进程导致城市空间形态不断演变,由于土地所有制、经济基础以及规划管理制度的不同,中国具有与西方发达国家不同的城市形态演进特征。本文以复杂系统理论为学科背景,运用城市元胞和多智能体技术探讨中国城市空间结构动态演进过程,从现代科学的角度深化与发展了城市空间结构理论。

　　研究从宏观、中观和微观三个层次展开,探讨了动态城市模型在不同空间尺度中的应用。案例分析主要运用 SLEUTH 模型和多智能体模型,探讨城市的演化、未来形态以及政府规划政策的可行性分析与评估等课题。

　　本书可供城市规划专业研究与科研人员、大专院校城市规划专业学生阅读参考。

图书在版编目(CIP)数据

城市空间的演进模拟与计算 / 杜嵘著. — 南京:
东南大学出版社,2015.12
　(城市与建筑遗产保护实验研究)
　ISBN 978-7-5641-5682-4

Ⅰ.①城… Ⅱ.①杜… Ⅲ.①城市空间—研究 Ⅳ.
①TU984.11

中国版本图书馆 CIP 数据核字(2015)第 319563 号

书　　　名:城市空间的演进模拟与计算
策划编辑:戴　丽　姜　来
文字编辑:李成思
美术编辑:毕　真
责任编辑:姜　来
出版发行:东南大学出版社
社　　址:南京市四牌楼 2 号
邮　　编:210096
出 版 人:江建中
网　　址:http://www.seupress.com
电子邮箱:press@seupress.com
印　　刷:南京玉河印刷厂
开　　本:889mm×1194mm　1/16
印　　张:10.75
字　　数:286 千
版　　次:2015 年 12 月第 1 版
印　　次:2015 年 12 月第 1 次印刷
书　　号:ISBN 978-7-5641-5682-4
定　　价:46.00 元
经　　销:全国各地新华书店
发行热线:025-83791830